熱海土石流の真実

静岡県調査報告書の問題点

TRUTH

白順社

はじめに

　2021年7月3日　テレビの画面から衝撃的な映像が飛び込んできました。熱海市伊豆山の土石流が渓流沿いの家屋をなぎ倒し何波も流れくだる状況でした。私も富士山大沢崩れの土石流は何度か見ておりますが、真っ黒な土石流は衝撃的なものでした。

　翌7月4日、静岡県議会議員小長井由雄さんたちと調査団を作り現地に入りました。崩壊現場は逢初川最上流部の盛土部分で、上流の流域は約4万㎡。第一印象は、「こんな狭い流域では土石流は発生しないだろう」というものでした。早速現地を調べ、草木の倒れ方や、土砂の移動方向から北側の鳴沢川流域から複数の流下痕を確認しました。更にドローンを使い崩壊地の上空から湧水の状況を把握しました。明確に確認できる湧水は逢初川の谷筋だけでした。

　7月6日、元衆議院議員青山雅之さんも調査に参加してくれました。現地で金磯善博さんに出会い、さらなる流入痕跡ガリの現場を確認しました。その後、独自の調査をしていた熱海市盛り土流出事故被害者の会技術顧問清水浩さんと出会い土石流発生の原因の多くは表流水であることで意見が一致しました。ところが、その後に出された静岡県の原因調査報告書では、「原因は地下水」とされています。これは明らかにおかしい、ということで清水さんと共同でこの本を出版することとしました。

　私たちの目的は、あくまで科学的データに基づき今回の土石流の原因を明らかにすることです。個別の利害や政治的な圧力に屈することなく、真実を追求することで、二度と同じような災害を引き起こさないよう、そのための礎になれば幸いです。

工学博士　塩坂邦雄

＊目次

＊引用元の報告書は静岡県発行により、『逢初川土石流の発生原因調査　報告書』（令和
4 年 9 月 8 日）を主としている。断りのない引用は主にそこからのものもである。

序章

土石流、私たちの考える真の原因	塩坂邦雄

1 土石流とは何か

　今回の災害の最大の原因は、それが土石流だったということです。土石流とは、土砂や岩石を水が押し流すことで土石混じりの流れとなって下流を襲うものです。つまり、大量の水があることが大前提です。

　今回の災害では約54,000㎥の土砂が流れたとされます。それだけの土砂を何度も（第7波まで）押し流すためには大量の水が必要です。少なく見積もっても10万㎥以上は必要と見積もられます。その水はどこから来たのか……。そこが問題なのです。

2 真っ黒な土

　さて、今回の土石流災害で特徴的だったのは、流れ出た土砂が真っ黒かったという点です。通常の崖崩れや土石流であれば、土砂は概ね茶色や赤みがかった色をしています。しかし今回流れたのは、ニュースでも報道された通り、真っ黒な土砂でした。また、土石流の発生した盛土部分の円弧すべり面を観察すると黒〜暗灰色〜青灰色が多くみられます（写真1）。この暗灰色〜青灰色の部分はグライ土壌といって、盛り土内の地下水位が高く、粘性土で排水環境が悪いため酸素が欠乏して還元状態になったことを示しています。そして、真っ黒い土は不法投棄された産業廃棄物だったのです。

　つまり、粘土状になったグライ土壌が地下ダムの働きをし、背後の山土内に大量の地下水を貯留する結果となったと考えられます。この地下水が、最初の崩れのきっかけになったことは考えられます。しかし、後で述べるように、地下水だけではこれに続く数度にわたる土石流を発生させること

道路

写真1　崩落現場　黒・暗灰色〜暗青色・茶色の3色の土が見える

はできません。

　なお、ソーラー施設建設のための進入道路が崩落地のすぐ脇を通っており、工事車両が頻繁に通行したことによる振動も原因の一つとなっている可能性があります。これは、土石流のすべり面が道路面に平行に発生していることから推測されます。これについても検証が必要でしょう。

3　地下水の意味

　静岡県の調査報告書では、今回の災害は鳴沢川から逢初川流域に地下水が大量に流入していることが原因として、その説明のため電気探査結果を示しています（図1崩壊地縦断方向の断面図、図2崩壊地横断方向の断面図）。電気探査とは、地中の電気伝導度を測定するもので、土壌中に水分が多ければ電気伝導度の比抵抗値は低くなり、比抵抗値が高ければ水分は少ないということが分かります。

　さて、前者は崩壊地を縦方向に見た断面図ですが、下部には泥流堆積物が存在しているため比抵抗値は $10 \sim 30 \, \Omega \, m$ という低い値を示します（図の青部分）。これに対し崩壊した盛土箇所は $60 \sim 80 \, \Omega \, m$（黄色）、安山岩溶岩の部分では $800 \sim 1000 \, \Omega \, m$（赤茶）と高い比抵抗値を示しています。

　また、後者は横方向に見た断面で、鳴沢川から逢初川を横断する断面です（この図ではN（北）を左に、S（南）を右に置いているので分かりにくいですが）図左側の赤から茶色の多い部分が鳴沢川で、谷部を安山岩の礫層で埋め立てられているため高い比抵抗値を示しています。逢初川の谷の中には崩れ残った盛土（黄）が見て取れます。どちらも下部は火山性泥流の堆積物なので $10 \sim 30 \, \Omega \, m$（青）を示しています。

　地質構造を理解しないで解析すると、青色の比抵抗値の低い部分には大量の地下水が存在しており、これが土石流発生の原因と判断してしまう危険性のあることが分かります。

　火山性泥流堆積物は、確かに多くの水は含んでいますが、地下水の透水係数（水の流れる早さ）は $10^{-5} cm/s$ 程度でこれを一日に換算すると $10cm$ 程度しか移動しません。例えるなら、豆腐に似ています。豆腐は多くの水を含んでいますが、切っても水が一斉に流れ出すことはなく、じわじわと少しずつしみ出すだけです。

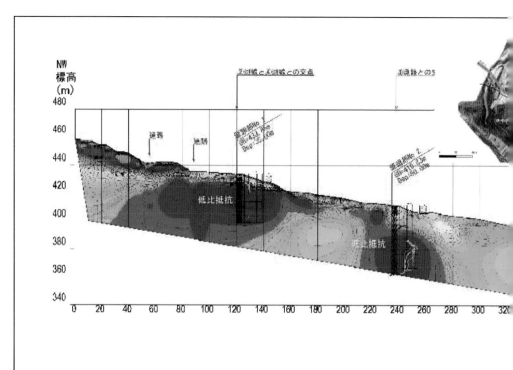

図 2　**電気探査結果図（③測線）**（県報告書　図 5-15）

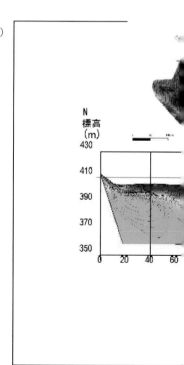

4

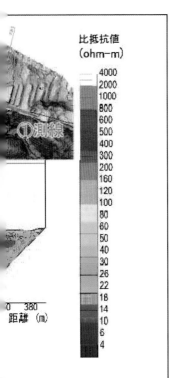

比抵抗値
(ohm-m)

```
4000
2000
1000
800
600
500
400
300
200
160
120
100
80
60
50
40
30
26
22
18
14
10
6
4
```

0   380
距離 (m)

図 1　電気探査結果図（①測線）（県報告書　図 5-13）

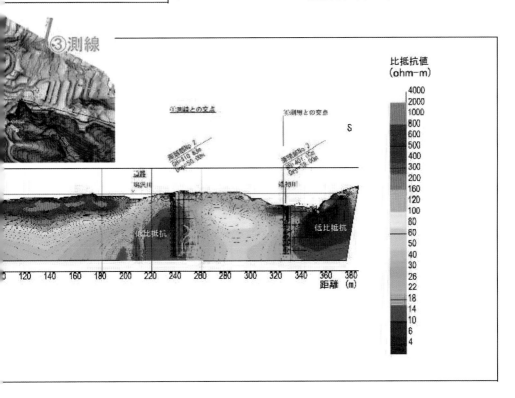

③測線

比抵抗値
(ohm-m)

```
4000
2000
1000
800
600
500
400
300
200
160
120
100
80
60
50
40
30
26
22
18
14
10
6
4
```

距離 (m)

4　水はどこから

　崩壊した現場は逢初川の最上流部で、その流域面積は約4万㎡（図3）。時間雨量24mmの雨が降り続いたとしても10時間で約1万㎡。これでは今回のような土石流を発生させるにはまるで足りません（逢初川流域区分図）。ところが、隣接する鳴沢川流域の上流部は約25万㎡の面積がありもそこに降った雨が流域界を越えて逢初川に流れ込んだものと考えられます。私自身、災害直後の7月4日、6日の現地調査で草木の倒れ方や土砂の移動方向などから鳴沢川流域からの流入痕を複数発見しています。

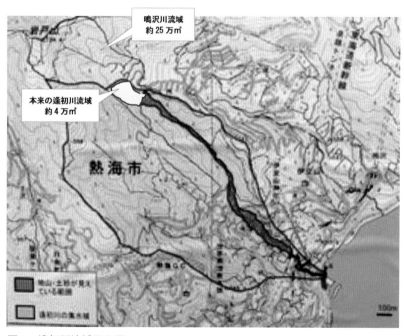

図3　逢初川流域区分図

5 地質調査(ボーリング)から見えてくること

　県の調査では、逢初川流域の源頭部で5か所のボーリング調査が行われています。この調査結果で共通しているのは、盛り土下部の地層を安山岩（溶岩）としている点です。しかし地質柱状図を確認すると、その多くがシルト・火山灰シルトと記載されており、コアはカッターナイフで簡単に切れるとされています。安山岩というにはもろすぎるでしょう。確かに、コアの中には安山岩の転石が混入していますので湯河原火山から供給されたものであることは確かですが、安山岩というよりは火山性泥流堆積物というべきでしょう。

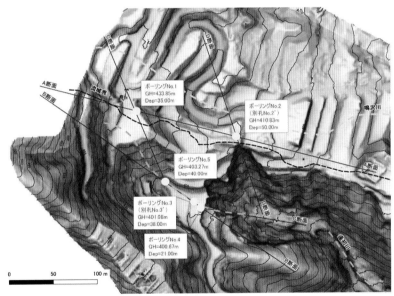

図 5-6　ボーリング位置図（県報告書）

図4

　No.1 地点では、鳴沢川流域から地下水が流入しているとしていますが、盛り土の下部の不整合面を水道としているだけで、鳴沢川流域から地下水が入っている証拠にはなりません。

No.2 地点も同じように、この場所にはかつて逢初川に向かって小崩壊があって人為的に沈砂池が作られた場所です。盛り土との不整合面には当然ながら地下水の流動痕跡は見られます。しかし上流部に連続しないため崩壊後には地下水の湧出は見られません。No.1，No.2 地点共に一本のボーリングデータから地下水の流動方向を示唆していますが、地下水説に導くための方便としかみえません。

　No.3 地点は、他のボーリングデータと異なり、もともと逢初川の谷底部にあたり、地下水が集まりやすい環境にあります。ただし流域の上部が泥流で覆われているため、進入する範囲（集水域）は約 4 万㎡で、これでは土石流を発生させる流量には至りません。さらに谷底堆積物が自然の排水路となっているため、日常的に湧水が発生していたと考えられます。下流側にガリが発達していることかその証明でしょう。

　いずれのデーターからも、大量の地下水が鳴沢川流域から侵入した痕跡はありません。その証拠に、崩壊の翌日にはほとんど湧水が見られないことからも分かります。土石流を何派も発生させた水は、鳴沢川流域から表流水として供給されたとしか考えられません。

6　災害発生前後の変化

　災害発生前後に朝日航洋が作成した地形計測図を入手しました（図 5）。
・発生前：2019 年　計測
　この時点ではまだ災害は発生していませんが、盛り土の南側に、明らかな表流水によってできたガリが発達しています。北側斜面にも鳴沢川流域から表流水が流下した痕跡が見られ、盛り土最下部の洗堀谷も明確に確認できます。これを見ると、災害発生よりかなり前から表流水が頻繁に流入していたものと推定できます。なお、盛り土最下部には何か所かの円弧滑りの兆候が見て取れます。
・発生後：2021 年　計測
　これは災害発生後に同じ場所を計測したものです。盛り土最下部の洗堀谷はさらに後退し、谷幅は 1.5 倍に拡大しています。また、崩落箇所では

左岸側の鳴沢川から明確な浸食崖が発達しています。これを見ても、土石流発生後も、大量の表流水によって浸食が進んだことが分かります。このような痕跡は、県の報告書にあるような地下水では決して形成されません。土石流が流れた後の斜面を見ると、数本の表流水で形成されたガリが観測できます。翌日には南側の旧逢初川の谷底以外では地下水の湧水は見ることができませんでした。

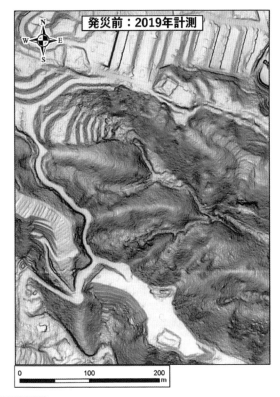

図5　朝日航洋作成の災害前後の地形計測図

7　表流水が分水嶺を超えた地点の詳細

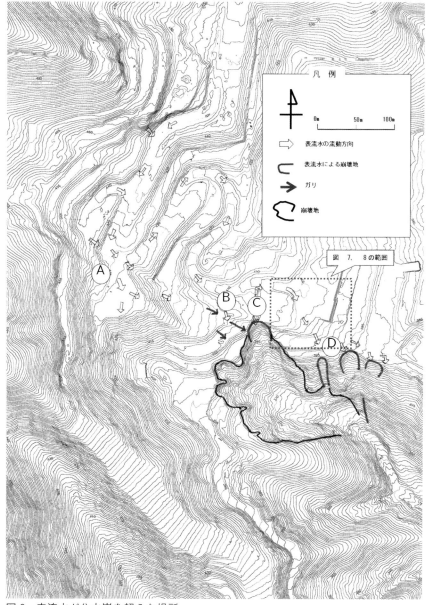

図6　表流水が分水嶺を超えた場所

A 地点　道路西側の石積道路か 45cm に流動痕跡が見られ、貯水タンクには 90cm の流水痕が見られます。

写真 2　A 地点

道路北側ブロックは道路面より 45cm 上に流水痕跡　→

↑
曲がり角の水タンクでは
90cm まで流水痕

水路から水が溢れた痕跡
草が水流でなぎ倒されている
　　　→

水タンク

北側ブロック

B地点　水路からあふれた水が、分水嶺を超えてパイピング現象でガリが
形成されています。A地点から逢初川の谷に入った表流水が基盤の泥流
堆積物を侵食してガリが形成されました。

写真3　B地点

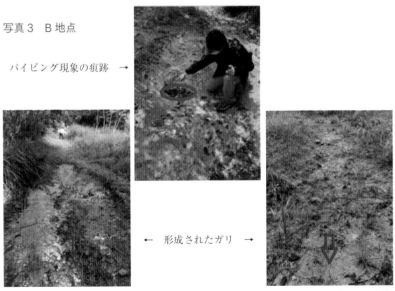

パイピング現象の痕跡　→

←　形成されたガリ　→

C地点　水路が直角に曲がる場所で、水路からあふれ出た表流水で二次崩
壊が発生しました。

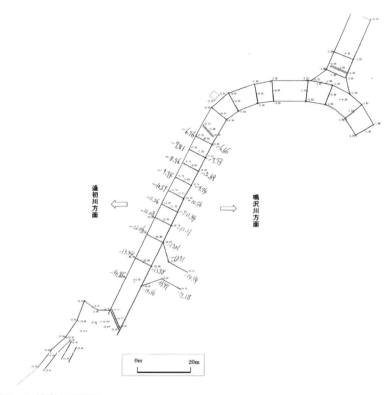

図7　D 地点の平面図

D 地点　逢初川と鳴沢川の分水嶺に工事用車両の侵入道路が造られています。

　図7はこの地点の道路勾配を調査した平面図です。

　この図では平面上流部を基準点として、道路左右の数字は基準点（0）からの低さをマイナスで表しています（マイナスの数字が大きいほど低い）。

　この図を見ると、道路の逢初川側（図の左側）が低いことがよく分かります。

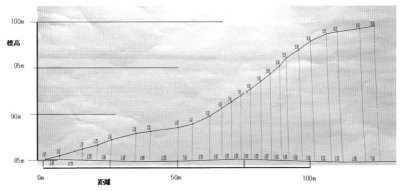

図8　D地点の断面図

　また、図8はこの道路の断面図です。この図は縦横比1:5の縮尺で作成
されていますが、道路傾斜の最大値は21.9%と非常に傾斜が激しく、表流
水は道路面を滝のように流下したことでしょう。

　ここでは道路の広い範囲で表流水が流入したため、明確なガリは発達し
ていませんが、7月4日の調査時には草木の倒れた方向から流水痕ははっ
きり見られました。決定的な証拠は崩壊地の左岸側に土石流と直行する数
mの浸食崖が見られることです。なお、表流水説を否定している熱海市が、
分水嶺に土嚢を積んでいます。水が入っていないならこんなものが必要な
はずはないでしょう。

写真4　D地点

分水嶺に積まれた土嚢

14

8 まとめ

・当該地域は、第四紀 中期更新世 箱根火山群湯河原火山噴出物からなり、逢初川・鳴沢川の基底には岩戸山から流下した泥流堆積物から形成されています。浸食の結果逢初川の浸食力が強く、鳴沢川の上流域を争奪する、地形形状をなしています。

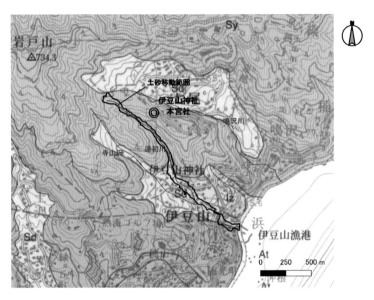

Sd：第四紀、後期更新世 完新世、山地緩斜面堆積物、礫及び砂
Sy：第四紀、中期更新世、箱根火山群、湯河原火山噴出物、城山溶岩類、安山岩・玄武岩質安山岩溶岩及び火砕岩
Iz：第四紀、中期更新世、箱根火山群、箱根火山噴出物、伊豆山デイサイト、デイサイト溶岩
At：第四紀、中期更新世、宇佐美・多賀火山群、熱海火山噴出物、玄武岩・安山岩溶岩及び火砕岩

出典：産業総合技術研究所 ５万分の１地質図 熱海 に土砂移動範囲を加筆

図9 周辺地質図 （県報告書 図1-2）

・逢初川の源頭部に、不適切な盛り土が行われました。2007年頃から盛り土上部の分水嶺付近で開発行為が行われて、表流水の流入が始まったとみられます。

・航空写真からも盛り土の表面に表流水によるガリの発達が見られます。盛り土斜面にも小規模な崩壊の痕跡が見られ、盛り土最下部にはパイピングで形成された洗堀穴、それに続く浸食谷がすでに形成されていました。

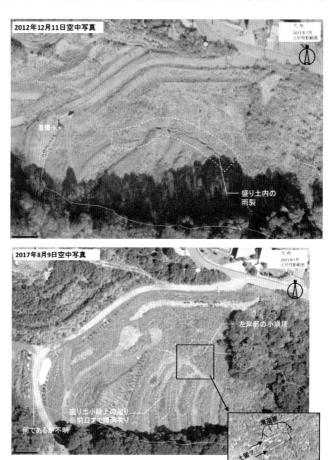

写真5　県報告書 P3-32、33　空中写真より

そのため10年間盛り土の大規模崩壊は発生しませんでした。

・2017年頃、逢初川の右岸の稜線部にソーラー発電施設建設のため、工事用道路の造成がおこなわれ、排水路が埋没し崩壊によって一部流域が変更されました。さらに切土が再盛土され侵入道路が5mほどかさ上げされたとみられます（これは水道管の埋設位置から推定されます）。

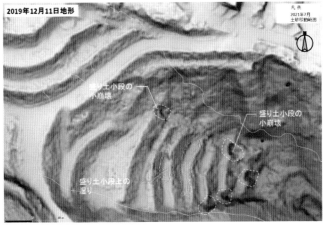

写真5（つづき）

写真③ 黒色盛り土内の湿りやパイピングホール

パイピングホール

写真6 県報告書 写真P2-6 ③より

・総雨量300mmで崩壊が発生せず、今回の長雨500mmでなぜ崩壊したのか？ これには複数の原因が考えられますが、一番の原因は鳴沢川流域からの表流水です。県の報告書では原因を地下水としていますが、地下水の流動速度は一日に10cm程度で、盛り土の中を過飽和状態にするには何年もの時間がかかります。さらに第二波の大崩壊の後数波の土石流が発生していますが、その水量から考えても地下水ではありえません。7月4日におこなった現地調査でも、湧水が見られたのは逢初川の基底部のみからでした。

　決定的なことは、洗堀谷の穴がかつての石積みの位置まで後退したことと、逢初川左岸側に浸食崖が形成されていることです（写真7）。特にこの浸食崖は土石流の流動方向とは異なっており、これは左岸側の鳴沢川方向から大量の表流水が流れ落ちたことにより形成されたとしか考えられません。最初の土石流発生後にも、鳴沢川流域から表流水が流入し続けたため、下流に数波にわたる土石流が発生したと考えるべきでしょう。

・土石流発生のメカニズムを現場検証の結果から推定すると次のように導き出せます。

　最初に逢初川左岸から流入した表流水が盛り土下部を侵食して、押さえ

盛り土となっていた部分が消失し、基底部にパイピング現象が発生し地下水で過飽和になっていた盛り土が地すべりを起こした。さらに逢初川左岸から上流部からの表流水が加わり土石流を発生させた。その後、三階建ての家の上部の水路が直角に曲がっている位置から、表流水の越流により円弧滑りが発生した。この場所はかつて崩壊のあった場所で、崩壊に沿って地下水が流入した可能性がある場所です。また逢初川中央部も同じように表流水が流入して円弧滑りが見られ、上空から♡型に見えるのは、中央部の基盤部に近い道路敷きが滑り残ったためです。

・結論的には、地下水説にこだわり表流水について検討をしない県の検討委員会の姿勢は、「木を見て森を見ない」広域的な視点が欠けていたと言わざるを得ません。被害者の皆様の気持ちは、「発生原因の真実を知りたいこと」であることは、心から理解できます。

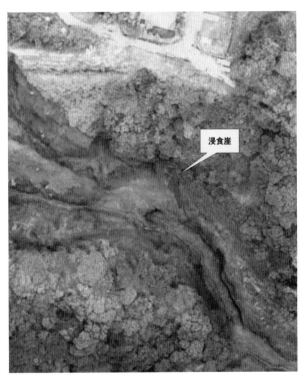

写真7　左岸側の浸食崖

この活動を始めたきっかけ　　　　　　　　清水　浩

1　激甚災害指定──災害に対する経験

　令和3年8月31日政府は静岡県熱海市で発生した土石流などを含む7月の梅雨前線による大雨被害を激甚災害に指定すると決めた。

　これは復旧に関する地方自治体の負担低減にとっては大きな話である。ただ、これは新たな課題となる事を瞬時に察知した。

　北海道胆振東部地震の災害復旧に間接的に関わってきた経験から、激甚災害の指定を受ける事がどういう事か知らない訳ではない。思ったのは激甚災害だけでは不十分でそれを補填する事業をどのように構築するかが課題になると想像していた。

　激甚災害の指定範囲は被害を受けたインフラ施設や農協、漁協等公益性を持つ施設に限定され、「他工区から持ち込まれた土砂」は撤去の対象とならない。つまり、違法に行われた盛土は激甚災害の枠組みでは対応できない。これでは、地域の安全が担保できない可能性がある。

　真っ先に行ったのは盛土範囲の特定。基礎情報は盛り土前の国土地理院の地形図と発災後の点群データからの地形図の差分解析。

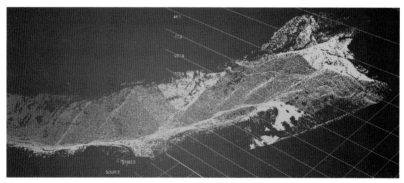

点群データを標高で色分けしただけのデータ

　点群データが早い段階で公開されたのは原因究明に最も大きな役割を果たしたのは間違いない事実だろう。

2 無視される崩れ残った盛り土

　静岡県の検証の情報発信からすぐに異常に気が付いた。2019 年の点群データと発災後の点群データの差分で検証を進めているのだ。

　逢初川に土砂が本格的に投棄され始めたのは 2006 年頃からで今回崩落した盛土の多くは 2006 年から 2008 年の間、いったん中止期間をおいて発災の直前まで盛り土が行われていた事が公文章より読み取ることが出来る。

　その初期の盛り土が無視されたまま、検証や裁判まで進行している。

　なぜ意図的に盛土の一部を無視し偏った検証を行っているのか……。

　当然の事だが原因が正しく究明されない限り適切な対策が取られることも無い、今はその状態で対策すら不適切な状態になっている。

　上記の写真は発災地点の立体模型、激甚災害で土砂の撤去が行えない事をから、盛り土箇所が外れて元の地形が判るように作りこんでいた。

　結果としてだが静岡県が一番触れられたくないところを、継続的に着目して情報発信してきた。ここに来て非公開だった資料が揃いつつあり、静岡県がナゼ、既知の条件として扱おうとしなかったのかが明らかになりつつある。

3　立体模型──地域住民の思い

　発災後の令和3年9月11日始めて熱海入りした。

　土地勘も無く、携帯の地図を頼りに発災地点付近まで歩く。

　次の日、被害者の会副会長の太田さんと初めてお会いし、当時の状況など伺った。

　そこで知り合った地域住民から「まだまだ、ここには問題があり声を上げていかなければならない。伊豆山の住民はおとなしくどこに問題があるのかも把握していない」と地域の話に踏み込むことが出来た。そこでおもむろにお願いされたのが「立体模型を作れないだろうか」。

　2週間程度時間をもらう事で対応について考える旨伝え、帰路についた。

　自宅でたまたまCO2レーザー加工機を所有していた事からアクリルを材料とした立体模型を作る事を思案した。

　アクリル板に写真を張り積層したら、それっぽく見えるのでは？

　さっそく発災後の等高線を元にレーザー加工機で加工。

　作成期間約2週間で完成。完成した模型は試作品のつもりだったが伊豆山地域の地形の形状を把握するのに十分で予想以上に活躍してくれたと受け止めている。

4　行政対応──実は違法造成を全く抑止していなかった

　一連の許認可については、全て事前に違法な伐採・造成を行った事業者に対し、事後にそれを承認するかのような届け出等を受理しあたかも法的に適切に取り扱っていたと装っていた事が、明らかとなった。

　「業者が巧みに法の目を掻い潜り」等という事実は無く、行政が巧みに理由を作り業者の違法な造成を見逃していたのが実態と言える。

　④宅地造成変更申請
　　　　地区外に出違法な造成が行われている中変更許可が下りている
　　　　地区外工事を確認しながら是正指導なく部分完了
　　　　結果七尾調圧槽被災につながった
　　発災地点：土採取規制条例
　　　　事前に盛土が行われ森林法の是正措置となった
　　　　事前に行われた盛土は既知の条件として原因究明から外された
　　森林法是正指導
　　　　直後から指導されたが指導内容が杜撰
　　　　是正指導は発見から1年半後だが経緯では1月前に発見と虚偽
　　風致地区条例③
　　　　神奈川から黒い土砂搬入投棄の1月後に受付
　　太陽光発電施設
　　　　宅造法、風致、違法伐採後顛末書と合わせて受理
　　　　宅造法は完了していないが現状もそのまま
　　緊急伐採
　　　　土砂災害は虚偽、伐採届、風致地区内報告書で処置
　　　　1年半後に緊急伐採の造成で崩落した石積を理由に緊急伐採届
　　　　緊急伐採の理由は事業者ではなく県・市の協議で決定した

5　捏造──全ては裁判対策

　熱海市長の命令派出の見送りに着目すると判りやすい。
　措置命令を出さなかったことが裁判で罪に問えるのだろうか。
　東日本大震災の石巻大川小学校等と比較して考察してみる。

　児童23人の遺族が石巻市と宮城県に対し、22億6000万円余りの賠償
を求めた裁判で2審は、「学校は事前に避難場所や経路などを定める義務
を怠った」として、14億3000万円余りの賠償を命じた。
　熱海でも熱海市長の命令発出に焦点を当てているが、これは回避義務を
行ったことに焦点を当てていると言える。
　私見だが措置命令を出しても、土砂は無くならず、排水施設や沈砂池を
整備するだけだった事が予想される。熱海市は土砂を撤去する指導を行っ
ていなかった事が議会答弁で明らかになっているからだ。
　命令の派出を行っても土石流の発生を防ぐことは出来ず、罰金を支払う
事で是正を求める事すら難しくなる背景だったと言える。
　着目すべきは、市議会で明らかになってきた、④宅地造成の変更許可、
地区外造成を知りながら部分完了を行っていた事実だろう。
　その最中の七尾調圧槽の土砂災害等は正に「予見可能性」を裏付ける事
実でありこれを公表して来なかったのは静岡県と熱海市である。
　当時、E工区完了に向け現地確認を行っていたはずでその最中に七尾調
圧槽の土砂災害は起きた。これを台風の影響として市議会に正確な除法を
提供せず、市費で復旧している。最も視線を逸らしたいのはこの宅地造成
との関係と考えるべきだろう。
　強引で理不尽な地下水説は予見可能性を否定する意味合いを持つがこれ
が裁判対策の一環で行われた行為なら、悪質と言わざるを得ない。
　今回の検証は事実の捏造を思わせる内容とも捉えられるが、静岡県、熱
海市、静岡大学にはまだ非公開の情報の開示とともにこの検証結果につい
てエビデンスをもって否定して頂きたいと願っている。

第1章
土石流災害の概要

1 土石流発生前の気象及び降雨

土木設計、設計基準を無視した検証

　通常、土木設計で扱う雨の量は1時間当たり降る量を想定する。

　道路、河川、橋梁、農業土木その他排水施設も基本的には変わりない。

　熱海土石流災害では何故か総雨量に着目している。これは土木設計的な視点を無視して検証している事を意味する。

　中丸の中の単位は（m）では無く（mm）の誤りであり、この誤記も設計コンサルタントであれば見逃すことはまず無いだろう。

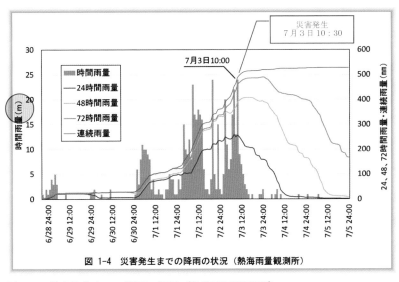

図 1-4　災害発生までの降雨の状況（熱海雨量観測所）

図1-4　災害発生までの降雨の状況（熱海雨量観測所）

土木設計では道路排水などの排水施設と、等の設計は分けて考えられる。道路排水等は3〜10年に一度の雨を想定する事が多く、防災調整池では30年〜50年に一度の雨を想定する。

　まずは一番左の列、1時間降雨にて道路排水が問題無いかを検証するところから検証を始めるべきだと思うが、そのプロセスを飛ばしいきなり地下水説を立証する為か72時間降雨に着目している。

　当時の雨は設計降雨強度と比較しても1/4以下であり、排水施設が機能していれば雨水排水は問題無く流下出来ていたと考えられる。

　仮に72時間降雨に着目するのであれは30〜50年に一度の雨と対比するべき。当該地区での過去最大の実績降雨は伊勢湾台風だが、1985年以降の雨に切り取っている段階で都合の良い部分をデータで検証していると言えるのではないか。

表 1-2　災害発生時の降雨状況

mm

		1時間雨量	24時間雨量	48時間雨量	72時間雨量	降り始めからの連続雨量
7月2日	18時	1	200	280	287	309
	19時	4	202	284	291	313
	20時	24	221	308	315	337
	21時	5	222	313	320	342
	22時	2	220	315	322	344
	23時	15	234	330	337	359
	24時	2	235	332	338	361
7月3日	1時	1	232	332	338	362
	2時	5	235	331	341	367
	3時	20	250	348	361	387
	4時	11	246	351	372	398
	5時	6	242	346	378	404
	6時	8	241	344	385	412
	7時	17	246	351	402	429
	8時	22	260	364	424	451
	9時	13	250	369	437	464
	10時	24	257	391	461	488
	11時	0	250	396	468	497
	12時	7	239	402	475	504
既往最大（1985年〜）	雨量	69	285	372	396	—
	年月日	2004/10/9 17:00	2008/8/25 2:00	2003/8/16 11:00	2003/8/17 24:00	
既往最大（2009年〜）	雨量	63	251	292	292	—
	年月日	2016/7/20 23:00	2014/10/6 10:00	2014/10/6 10:00	2014/10/6 10:00	

災害発生

熱海観測所の時間雨量データより作成：既往最大については1985年以降の観測結果による。

◯◯ 既往最大超過

第2章
現地概要

1　崩落地内の踏査結果

　下記は報告書の下線の部分。渓流堆積物層から大量の湧水（30L/分）を確認したとある。この地点は④宅地造成の違法な転石や産廃が混入した盛り土と元の地山の境目であり、渓流堆積層と言う表現は、自然に谷底に堆積したイメージとなり適切では無い。

第2章　現地概要

2.1 崩落地内の踏査結果

　2021年8月2日、8月30日、10月11日～12日、2022年5月2日、5月18日及び7月21日に崩落地内の詳細な現地踏査を行った。現地写真位置図及び地質平面図を図 2-1に示し、写真を写真①～写真㉒に示す。現地踏査結果から下記の実態を把握できた。盛り土か地山かの判定や、崩落面に見られる私道痕跡の年代については、後述する盛り土履歴調査と併せて総合的に判断した。

- ・崩落地は大きく分けて、中央、左岸側及び右岸側の3つに分けられる（写真①）。中央と左岸側では崩落面が急勾配で崩土はほとんど流出しているのに対し、右岸側上部は盛り土が斜面上に残っている。

- ・崩落地内の地山は褐色の礫混り砂質シルト等からなる斜面堆積物（Dt）及び変質した溶岩からなる（写真⑤）。このうち、斜面堆積物（Dt）は左岸～中央崩落地の中腹部から下部にかけて広く分布し、変質した溶岩は崩落地澪筋の斜面堆積物の直下位に確認される（写真⑥）。

- ・一方、盛り土は左岸側崩落地で見られるように色調や上下関係等から大きく3つに区分できる（写真④）。最も下位に分布する盛り土(B1)は左岸側崩落地の水道管付近より下位に窪地状に分布し、砕石を主体とする。その上位の盛り土（B2）は右岸側上部にも広く残存する黒色の谷埋め盛り土で、左岸側崩落地の東側にも一部残存する。最上位の盛り土（B3）は中央部崩落地の上方斜面にも分布する褐色盛り土で、B2の上位に確認される。

- ・湧水の多くは、盛り土や崩土と地山の境界から発生しているが（写真⑪⑫）、一部は盛り土内からも確認される（写真⑪）。湧水箇所は逢初川の左岸側もしくは本川沿いに多くみられ、元々の本川の澪筋と想定される箇所では、円礫を主体とする渓流堆積物層（Rd）から大量の湧水（30L/分程度；2022年7月21日）を確認した（写真⑩）。

パイピングホールと言う表現を多用しているが、これは、ルーズな盛土による、地山と、盛土の隙間を通る地下水に過ぎず、地質学的な要素は含まれない。

　計測箇所に着目すると、計測箇所は下図の（ふとんかご）の箇所。上の図では、植生マット工に（盛土部）記載があるように、盛土に対応した工法が選定されている。盛土が残されていると言う事で土砂撤去範囲が着色されているだけで誤解を招きやすい表現を採用している。
　下の図の黄色の範囲が残置される土砂で今回の計測は、この残置される土砂を含めた、地山と盛土の隙間から出て来る水を計測しているにすぎない事が判る。
　渓流堆積層と言う表現を使用しているが、実態的には過去に投棄された、転石や不法投棄を含んだルーズな盛り土と捉えるべきところである。

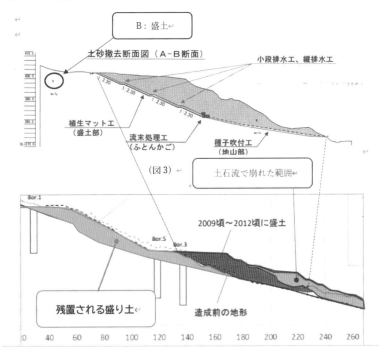

下記は、報告書内でエビデンスなく他の根拠を否定する典型的な手法となる。

　ここで、否定しいるのは「表流水の流入」では無く、「大量な表流水」であり、「痕跡」はあるが「明確な痕跡」である。

　最も検証すべき箇所が、全て科学的な根拠ではなく、「曖昧な表現」で否定されているのが、この報告書の特徴となっている。

　この報告書から全ての、「明瞭な」「明確な」「大量に」等の枕詞の削除を求めるべきである。

> ・　第3章で整理する流域界周辺の土地の改変により、崩落地の上流側において、鳴沢川流域と逢初川流域の流域界が変化した可能性がある。現地踏査時においては、鳴沢川流域から逢初川流域に表流水が 大量に 流入した 明瞭な 形跡は、見られなかった（写真⑲〜㉒）。

P22

　検証委員会の報告への意見は少なくなかったと思われるが、与えられた情報に対する否定はいずれも「曖昧な表現」で否定されている事に注目すべきと考える。

降雨強度が非常に大きい時には、道路上の水深が大きくなって崩落地側に流入する（青矢印）という可能性は否定できないが、現地では明瞭な大きな流路や侵食痕跡は確認されない。

写真⑲　崩落地左岸側尾根上の道路

発災直後7月4日に現地調査にて、表面の土砂の細粒分が流され表面に礫分が多かった事や、草が倒れていたり水の流れ下った跡あったことが複数人から報告されている。

道路面には別荘地側(向かって左側)へ傾斜がついており、側溝もあるため、雨量が小さいときは崩落地側(向かって右側)への流入は考えにくい。

鳴沢川上流の舗装道路(市道)。強い降雨によって表流水が発生した場合には分散し、その一部が逢初川に流入する可能性は否定できないが、市道の両側に側溝が設置されている。集中的に流入した痕跡は確認できない。

写真⑳　崩落地左岸側の別荘地横の道路　　　　写真㉑　鳴沢川上流の舗装道路

　鳴沢川へと記載されているが、矢印の先にはルーズな盛土があり、④宅地造成の境界には、可変側溝が設置されている。
　浸透した雨水排水は排水施設沿いに地中を流下し、発災地点方向に流下する。

逢初川源頭部の盛り土平坦部。もしここに表流水が流れ込んだ場合には逢初川方面と鳴沢川方面に分散して流下すると考えられる。ただし現地ではいずれの方向にも、明確な流路痕跡は認められない。

写真㉒　逢初川源頭部の盛り土平坦部

下図は現在の表面の水の流れと、過去の地形の矢印。

　前頁の鳴沢川へと記載されている水の一部はルーズな盛土により地中に浸透する。浸透した雨水は、地中では壁となっている排水施設沿いに流れ、発災地点の上部に到達する。

　発災地点上部には、排水施設本体からの溢水(いっすい)が認められた事や、排水施設のすぐ脇に、巨大な水たまりや湧水箇所が確認されていた。

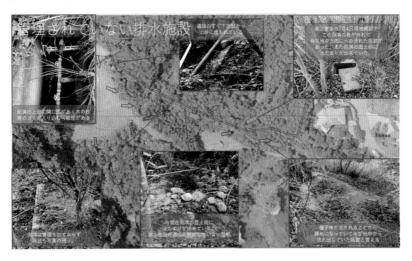

2　土石流流下域の踏査結果

　写真については撮影箇所について精査する必要がある。

　下記の写真⑩は「渓流堆積物」の層から湧水している写真だが、前章でも説明した通り、過去の違法な盛土の底面に投棄された礫であると思われ、自然由来の地層ではない。

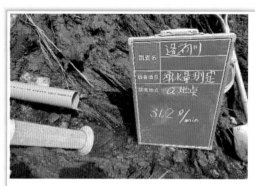

湧水部は円礫を主体とする渓流堆積物からなる。2022年7月21日の湧水量は、30L／分程度。（湧水No.1 観測箇所P5-3、図 5-3)

写真⑩　盛り土直下の渓流堆積物からの大量湧水

　下記は、第3回逢初川土石流原因究明委員会　資料第3章 P3-15 の資料で過去の逢初川の河道が示されている。上記の観測地点は下記の図の矢印の位置であり、崩落地の上部から浸み込んだ水が流出していると考えるのが妥当と言える。上部の盛り土が水の浸み込みやすい土質である事は第7章 P7-11「表7-2　ケース1の飽和透水係数の値」の渓流堆積物、斜面堆積物の透水係数が数値として示している。

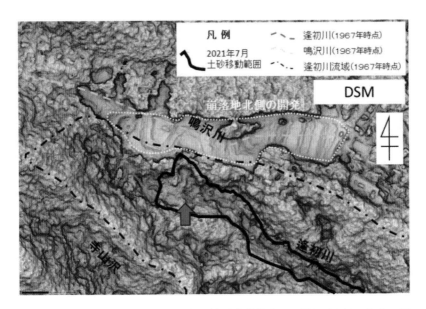

因みに、この論文で渓流堆積物、斜面堆積物とは下記の写真の土砂の事を指す。写真右に写っているのは七尾調圧槽。（2006 年 9 月 21 日撮影）

因みに下記の写真は 2007 年 2 月の写真で、土採取規制条例が提出される直前の写真となっている。難波元副知事が「既知の条件」として、取り扱うべきではないとした。

　見た目の通り，木くずや礫が混ざっている。このルーズな産廃混じりの層が水を通り、すべり面となる事は土木設計・施工に関わる従事者であれば、誰でも理解出来たと言えるだろう。

　この上に更に盛り土を許可した事がそもそもの問題と捉えるべきではないのか。

　報告書ではこの最も着目すべき盛り土、盛り土の履歴等を評価から外している。(2007 年 2 月 16 日撮影)

次に、発災地点上部の盛り土に着目する。

　形状は下記の図面に示すとおりで、最大 10m を超える谷埋盛り土が行われている可能性がある。

　図は造成前の国土地理院地形図と、発災後の地形図より作成している。

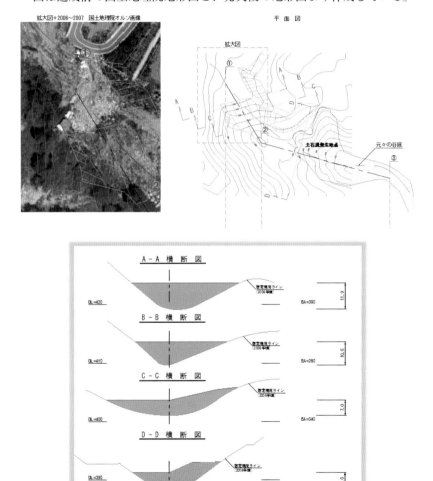

下記は第2回逢初川土石流の発生原因調査検証委員会資料の地質調査資料となるが、B層は盛土層にあたり、柱状図の記事の欄でも産廃が混入しているのが確認できる。

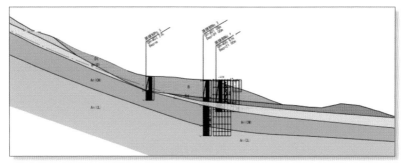

記号	層相	記　　事
B	礫・砂混じりシルト シルト質礫	礫分や砂分を混入し、かなり不均質な土層である。礫は、φ＝5〜10mmほどの亜円礫〜亜角礫を主体とし、玉石も点在している。木片、プラスチック片、コンクリート片を混入している。

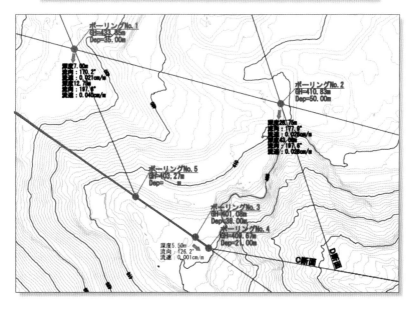

下記は当時の航空写真と森林法の是正措置が行われた範囲を示す図となる。土採取規制条例の申請範囲を含む 1.0ha を優に超える範囲を、是正指導している。この上部を宅地造成法面と表現している事からも宅地造成に関連があることを認識していたのは明らかだが、森林法での取り扱いを行わなかった。行政指導は簡易な排水施設、緑化のみの是正措置だけで完了したが土砂の撤去は指導に含まれていなかった。

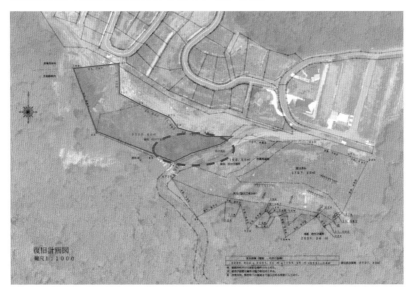

　令和 3 年 12 月 28 日静岡県森林保全課と協議を行った。
　その中で残された産廃を含む盛土についての認識を確認した。

　「県の資料では点群データの差分で土量を算出しており、2006 年に盛土が行われ始めたころの現況は再現していない。静岡県としては 12 月 28 日現在、青丸の範囲の盛土は認識しているが、それより上部の盛土については認識していなかった」と回答を得た。

　残された赤い範囲の盛土には、産廃が投棄されている可能性がある。
　技術基準的に審査も受けていない不安定な盛土に、植栽を行うことで適

黒色盛り土（B2）と褐色盛り土（B3）の境界付近から湧水している

2022/5/18

写真⑪　盛り土内からの湧水

正化してしまった。行政代執行が行われているが土採取規制条例の範囲外の為この土砂は残置されることが決まっている。

　また、写真⑪は背面に丁張が見えていることから、さらに下流の土砂撤去の工事区域の写真と推測される。透水層である渓流堆積物の層が連続している事を説明したいのかもしれないが、位置が不明瞭。

　この位置は、地下水説に重要な意味を持つ位置となっている。

　有孔管 ϕ 20cm の下に渓流堆積層がある＝谷底の更に下に礫層があるとしたいのだと思おうが、ここは「土採取規制条例の申請にも記載されている石積み」そのものである可能性が高い。工事中の写真では石積の下は綺麗な赤褐色の地山の写真も確認している。この写真にある渓床堆積土砂（礫層）は、人工的に土採取規制条例で設置された石積と捉える方が合理的である。有孔管の設置については設置当初の写真から転石の上に設置されていて、現地踏査の書類と矛盾しない。

位置図

有孔管 φ20cm

地山(熱水変質した
安岩或は火砕岩)。

2021/8/2

写真⑱　崩落地下端付近に見られる有孔管

下記の写真は石積みを設置した時の写真。

サンプリングを行っている F の地点は、過去の石積の箇所と位置も一致する。

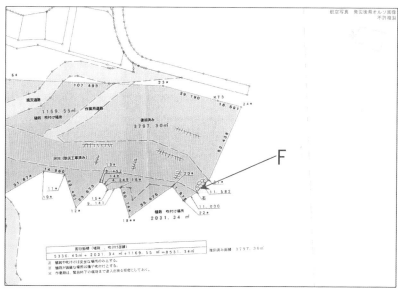

過去のロックフィルダムの設置箇所と一致する。

F 石済み完成後の写真

3　源頭部の水道管からの漏水の可能性と源頭部水道管の切断時刻

　「源頭部の水道管付近の崩落は10時53分であると推定」とあるが、確かに水道本管の破損はこの時間であると考えられる。但し、崩落の開始がこの時間であると言う根拠は無い。前日の夜、伊豆山地区の住民がかなり強い異臭を感じているとの証言があるからだ。

　これは公開された情報にもある、ダンプ一台分の臭気を放つ土砂が、崩落した箇所にあったとの情報とも関連があると思われる。その土砂が埋められそれの部分が崩壊により流出したした可能性があるのではないだろうか。これは当時の工事がどの様に行われたか等調べる必要があり、工事に関わった人からの証言などが必要になる事から警察当局が捜査してくれていることを切に期待している。

> **(2)　源頭部水道管の切断時刻**
> 　図2-14に示すように、七尾調圧層（標高410m）の水位は10時53分に急低下している。この時に源頭部水道管（標高395m程度）が切断し、水が噴出したものと推定される。下流域の第2波は10時55分に観測されてることから、源頭部の水道管付近の崩落は10時53分であると推定される。

第3章
地形・地質の詳細と盛り土履歴

1　地形

　レーザー航空測量による点群データの活用。

　危険な崖面を空から無人で測量し被災地の地形的な形状を素早く把握することが出来る。静岡県は、部門部署を設置し点群データ等の活用に力を入れている。発災前の点群データを保有していたことは非常に高く評価できるのではないだろうか。流出した土量の算定も早かった。

　残念なのは、評価できるのはその初動のみとなっている。

　どんなに素晴らしいアイテムを持っていても使い方を間違えると、せっかくの技術が台無しになってしまう。今回はその事例に当てはまっているのではないだろうか。

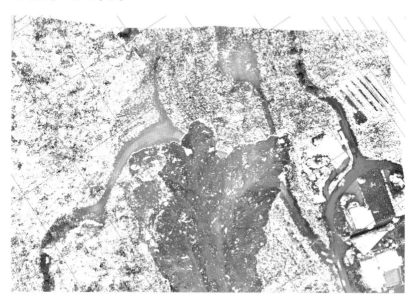

土木設計が本業だが、BIM/CIM を推進する事も業に含めている。仕事柄、静岡県が公表した点群データを用いて県が公表している結果の再現が可能な状況にある。

　公表されたデータでは水が鳴沢川流域から逢初川へ溢水するポイントは範囲外とされていた。あるべきはずのデータが無いと余計にそこに着目されることを理解していない人が静岡県に居ると思っている。

　初動では活躍した点群データだったが、土量の算定以降 3D データでの活用がおかしくなっていった。その 3 次元データに周囲の情報を追加していけば良かったと考えているので残念でならない。

　国の推奨する BIM/CIM 推進にブレーキをかけたと感じている。

　ここで、ある論文に触れておく。

　「静岡県熱海市逢初川の砂防堰堤の埋積土の放射性セシウム濃度と粒子組成の層位変化─ 2021 年 7 月 3 日の土石流堆積物の識別─」（『静岡大学地球科学研究報告』2022 年、49 巻）

　下流堰堤にてボーリング調査を行ったところ地中 3.88-3.85m の箇所からセシウムが検出された。上下の堆積した土砂の色から黒い土砂の堆積が東日本大震災以前だった事を突き止めたとする内容だった。

　この記者会見の日、早速、発災後と、2019 年の点群データを確認した。

　ダムに水がたまりセシウムが沈殿したとの説明していたが 2019 年の点群データではダムに土砂は溜まっていなかった。セシウムの検出については再現出来ないが、少なくとも堆積した土砂の評価に誤りがある事は明白である。

・下記の図で赤い三角がボーリング箇所

・オレンジの線が発災後の地表面

・緑の線が 2019 年の地形

・東日本大震災の土砂がダム内に溜まっていたと言う結果は誤りで、なおかつ 3.88-3.85m と言う深さは丁度 2019 年の地形の地表面となっていた。土の重なりを解明したのではなく単に表面に降り注いだ地表面を測定したに過ぎない事が判る。

　また、このダムの構造に着目するとそもそも水は溜まらない。

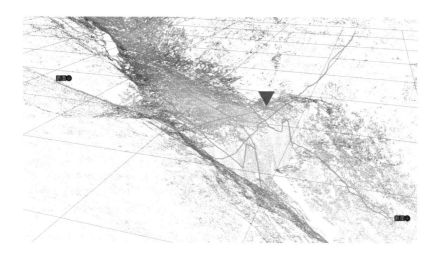

　「第2章　P2 13」の写真で確認すると堤体に大きな3つの水抜き穴が確認出来る。これは通常の雨水排水を一番下の穴から流す構造で、砂防堰堤なので水を溜める機能は有していない。

　つまりセシウムは沈殿しないと言う事になる。この論文は、最終報告書に採用されていないが、他の関連する論文にも疑問を感じるものが多いと感じている。

P3-5　地下水説の始まり

　下記の図を見て解るように、特に No.3 断面に着目しているのが判る。
ここが地下水説の始まりで、当然こちらも分水嶺に着目する事となった。

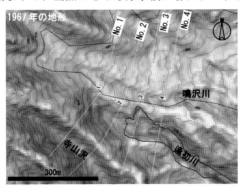

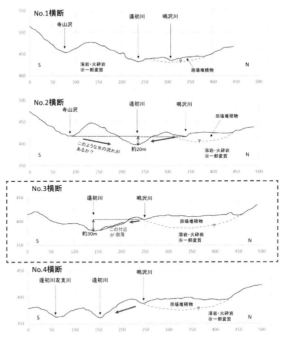

図 3-4　1967 年地形による横断図（下流から見た図）

P3-8　地下水説の結論

　この報告書では下記の図のように湯河原火山噴出物の地層から、「乱雑堆積物」の層の存在を示している。
　これが正であるなら、隣接する宅地造成にも同様の崩落の危険がある事を示しており、鳴沢川流域の住宅地にも警戒を呼びかけるべきであろう。しかし、この報告書内ではその件については触れられていない。

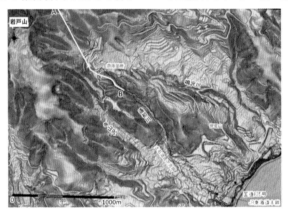

図 3-6　熱海市伊豆山付近の立体地図（木村（2021）[※2]）

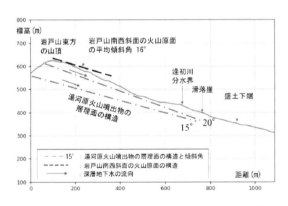

図 3-7　岩戸山東方尾根から逢初川源頭部間の地形断面図。
断面位置は上図の白線の A-B 線（木村（2021）[※2]）

第 3 章　地形・地質の詳細と盛り土履歴　　47

2 盛り土履歴調査

点群データの作成方法を記載しているが、比較的新しい技術なのでこれは理解できる。

問題は1967年以降のDSM（Digital Surface Model）の作成で、これはデジタルスキャンが無い時代なので過去の等高線から3Dデータを起こしたと予想される。当然誤差が大きくなるのでそこは考慮しなくてはならない。

問題は大きく2点ある。

一つは黄色の丸で囲まれた範囲で、発災地点上部や宅地造成側に盛り土が確認出来ているにもかかわらず、検証対象にしてこなかった事。これは令和4年1月に指摘を受けるまでで無視されてきた。加えて結果的に行政代執行で取り扱えない土砂となっている

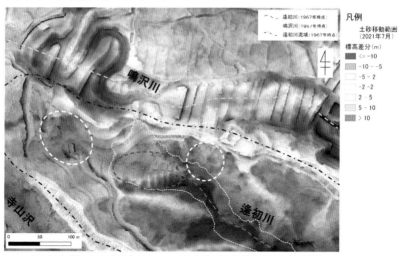

1967年の地形データは植生を含むDSMであるため、標高差分値には誤差を含む。

図 3-15 1967年から2019年にかけての地形改変

もう一つは、赤丸の範囲で、こちらの他の方が問題で、土採取規制条例より以前の盛り土が無かったと誤った記載をしていること。

平面図と縦断図の赤丸の範囲で「2009年まで盛り土されていない区間」と表示されている。

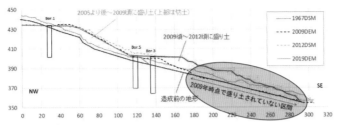

造成前地盤の推定方法
- 1967DSMは植生の頂部を表しているため、地山はそれより低い位置にあると考えられる。
- 2009年時点で盛り土や切土がなされていない範囲では、2009DEMが地山を表す。
- ボーリングで盛り土底面が確認されている箇所では、それと整合させる。

図 3-16 地形データから推定される地山断面図

　今までの議論を見ていると「盛り土にだけ着目すればよい」と言う発言とリンクしてくることになるが、この旗揚げの範囲にも土採取規制条例以前に盛り土が行われており、その総量も決して少なくない。

　土採取規制条例の範囲について、申請受理後に盛り土行われたと勘違いしている人が多いがそれは誤りであるのと、この下部の盛り土は都市計画法に基づく開発行為からの盛りこぼしで、5条森林区域内に該当することから、土採取規制条例だけ検証すればよいと言う主張も成立しない事となるのではないか。

　難波元副知事はこの残される盛土について「既知の条件」として扱う必要が無いと説明している。

　既知の条件とは、土採取規制条例の前に盛られた盛土で、検証する必要が無いと断言してしまっているが、まさか線引きすら難しいこの盛土を、対象外として検証していたことについては正直、驚きである。

　また、静岡県はこの上部も盛土を安定していると公表しているが。

　下記の断面で過去の地形の崖面となっている箇所に着目すると、とても安全とは言えない状況で、通常の円弧滑り計算を行うと安全率は確保されないはずである。もし安全と言う評価が出ていればそれは、設定している土質乗数に問題があることになる。

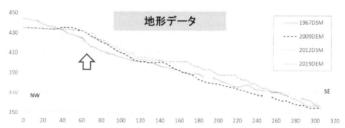

地形データ

調査結果３：崩落地内における過去の変状等

　ここでは、過去の盛土の小規模な崩落状況などが説明されている。

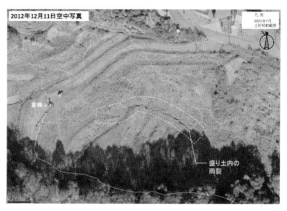

2012年12月11日空中写真

　下記は今回崩落した箇所とほぼ同一の範囲が大規模に崩落している写真になるが、複数枚の写真をつなぎ合わせると下記の写真となる。この写真は確かに大規模崩落の危険性を予知できなかったと言う証言には、不向きな存在なのかもしれない。

第4章
土石流流下状況

1　現地撮影映像等からの流下実態把握

調査方法

　下記の資料を使用して、各資料で示される土石流流下状況と位置・時刻を整理した。

- ・住民が撮影した動画・静止画等、34点
- ・NHKによる9月2日放送番組のうち、上記34点以外の動画、3点
- ・消防の通報記録、54点（うち本調査に有用な情報は4点）
- ・熱海市による、左岸側崩落地源頭部に存在した水道管の破断記録

　上記が土石流の流下状況の規模の整理の根拠としているが、住民からのヒアリングが圧倒的に不足している。

　実は一年以上経った今でも、被害者に合われた方の会の数名から、一度も発災直後の状況についてのヒアリングが行われていない事が判っている。

　「前日の夜、異臭を感じた話」「前日から危険を察知して隣町に避難していた市議会議員の証言」「土石流到達前から擁壁の水抜き穴から水が噴き出していた」など、状況に加えるべき項目はいくつもあるのではないだろうか。

　最初の異臭に関しては公文書にも記載があり、汚泥が法面の崩落により流下した可能性が否定できない、土石流は前日の夕方には始まっていた可能性があるのではないかと考えている。

調査結果

　調査結果の最後に総括図が添付されているがこれにも加筆したい。

　赤い文字は追記となるが発災直後、崩落した法面から勢いよく水が噴き出している映像がSNS上で公開された。あの水は雨水排水では無く直径150mmの水道本管が破断した事により噴き出した水道水だった。

　この水道水の評価については「水道水は表面を流れ下った為、影響ない」と結論付けている。水道管の位置は公開された画像の通り、地中3m程度の位置にあり、「表面を流れ下る」と言う評価と、維持管理が出来ていなかった問題に触れていない事については疑問が残る。

　私見になるが、発災原因との関連性については情報不足で判断付かないが、第2波、第3波が激甚化した原因に加えるべきでは無いのだろうか。

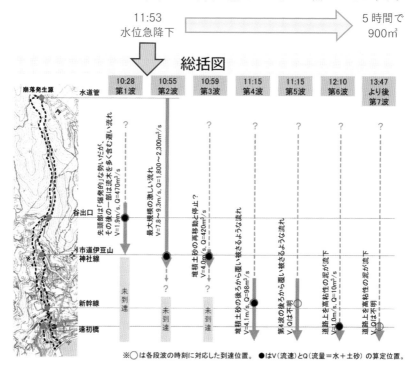

図 4-14　土石流の流下時系列の総括図

第5章
地質・水文調査

1 調査地点

　調査の基盤となる基礎調査に不正確な要素があると、当然の事ながらその後の検証にも大きな影を落とす。

　今回の原因究明は主に水の流れについて検証している観点から見ても、最も重要な調査項目と捉えて良いがこの調査にも問題がある。問題なのは「R-6」④⑤宅地造成の下流部、かつ鳴沢川の最上流部で計測を行っており、宅地造成とその上流流域を含む386,748㎡の流域の水が集まる地点としている。

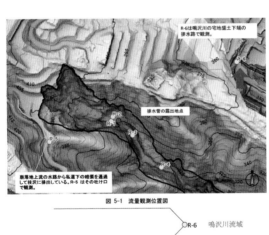

図 5-1　流量観測位置図

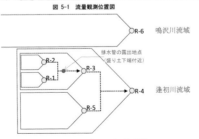

図 5-2　観測箇所（R-1〜R-6）の上下流の関係

下記がその流域図となっていて、説明書きも加えられているので、広域な流域の下流部で計測する目的で R-6 の観測位置を設定している。

R-6 は宅地盛り土の排水路出口であるため、当該宅地全体を流域に含めている。

　発災後のオルソ画像に R-6 をプロットする。

　改めて現地を確認したところ、宅地造成とその上流流域の雨水排水は R-6 を通過していない事が判った。宅地造成の下流には雨水排水本管が設置されていて、直接下流の鳴沢川の橋梁下流部に接続していたのだ。青線が道路に埋設された排水幹線水路、管径は φ 1200（←写真より計測）となっていた。

これは P-1 の造成地とテニスコートの間にかけられている橋の上流側を撮影した写真で、宅地造成工事に合わせ上流の鳴沢川で落差工の箇所をコンクリートで塞いでしまっている。当然この状態は橋の上から目視で確認可能なので、気が付かないとは思えないが検証では、この位置「R-6」で計測した結果を基に進めていた。

　R-6 の下流の橋梁部分から、幹線排水の吐口工を撮影した写真。

　管径は φ 1200 となっている。次のページで解説するがこの直ぐ近くを調査していた写真もある事から存在は当然知っているはずだ。この調査結果にはさすがに疑いの目を持たざるを得ず、地下水位が上昇し逢初方向に地下水が流れやすくなっていた背景を作る為や、地下水の量を多く見せる為に意図的に行ったのではないかと感じられる。

P-2 の箇所については、「第 2 回逢初川土石流の発生原因調査検証委員会」検証資料 6 の鳴沢川の流量観測地点の資料で φ 1200 吐口工の下流も観測地点となっている吐口工の存在を、見落とすことは考えられない。

水道施設付近での水が溢れている事を確認しているが、これは水道施設西側に水道トンネルがあり、水道施設からの水である事は熱海市当局から確認している。

下記の図で、青い点線が水道施設のトンネル。

調査結果

　ボーリング No.2 は中間発表で地下の通水を確認したと報告していたが、最終報告書では評価されていない。

> 盛り土部の透水係数は、$1.0×10^{-4}～1.0×10^{-9}$(m/s)であるが、盛り土部以外の透水係数は、$1.0×10^{-5}～1.0×10^{-9}$(m/s)であり、ボーリング No.3 における渓流堆積物では $1.0×10^{-3}$(m/s)程度の透水性の高い地下水層が確認された。

　代わりに No.3 を評価している。実は令和4年1月～3月にかけて、静岡県川勝知事宛に複数の質問状を送っている、その中に No.2 ボーリング調査地点は、過去に崩落が起きている・沈砂池の流末に近い・鳴沢川から逢初川方向に側溝を掘った過去の履歴がある事を伝えている。指摘を受けて検証ポイントを No.2 から No.3 に移したか否かは不明。

　「渓流堆積層」と言う表現を採用しているが、④宅地造成の初期に区域外造成が行われた際の写真で、多数の転石が確認されている。自然由来の印象を受ける言葉を使用すべきではない。No.3 については報告書の評価とは異なるが、「発災地点上部には透水係数の低い盛土が堆積していて、これは④宅地造成の地区外盛土として行われた盛土が非常にルーズな状態で残置されている。」と言うのが正しい評価と言えるだろう。浸透係数については宅地造成から流入した雨水排水が発災した盛土上部で、透水性の高い盛土に、地山と盛土の間を流れ下ったと言う評価を裏付ける内容と言える。

図 5-34　ボーリング孔における流向・流速計測結果

2 災害発生時の降雨規模の評価

　過去の、降雨に対する評価があくまでも地下水説を前提としたものになっている。土木設計的には1時間降雨に着目する事から、雨としては、2年確率未満との評価になる。

　なぜ、設計基準強度を無視した検証を行うかは、降雨規模に限らず長期間の長雨にこだわるのは疑問である。

　その結果、1937年以降2020年までの84年間の確率評価結果によると、災害発生時の降雨確率規模は、1時間雨量で2年確率未満、日雨量で2～3年で、3日間雨量で50～80年となった。また、盛り土造成後から災害発生前までの間で既往最大であった2014年、2016年と比較しても、災害発生時の3日間雨量411.5mmは規模の大きい降雨であったといえる。ただし、3日間雨量が400mmを超える降雨は、1961年、1982年、2003年に記録されている。

---

3 表流水関係の論文

　熱海土石流に関してはやはり防災工学の視点でも関心は高く各方面から資料や論文がよせられているが、その全てがエビデンスなく不採用となっている事にも着目すべきである。

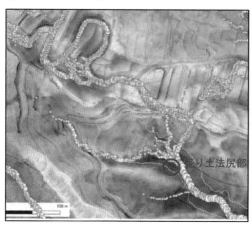

図5-30　地形改変前地形の累積通水量を表す図
（中野晋ら（2022.1）発表を一部加工）

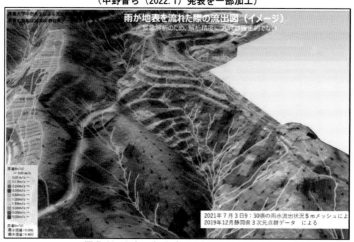

図5-31　3次元点群データを用いた流出図
（第1回逢初川土石流の発生原因調査検証委員会資料）

下記の表現を見てもわかるように、「明確な」「集中して」と言う表現が目立つ。もう少しエビデンスを持って否定するべきであろう。

> **5.8.2 県の見解**
> 　中野氏らの通過水量は C-C′ 断面は 0.08m3/s、D-D′ 断面は 0.05m3/s（図5-33）であり、そうであれば流水痕が確認できるはずである。崩落発生後の県の現地踏査においては、崩落地左岸側尾根部に明確な流水痕は視認されてなかった。中野氏の見解のような表流水が集中して流入した可能性は低いと考える。
> 　しかし、中野氏らによる分水嶺付近における地形改変の指摘については、今後の開発計画において大変重要な視点である。

4　地質・水文調査の総括

三角堰による流量観測

　先に説明した、第5章 地質・水文調査の評価。

　総量の比較を行っているが、R-6 の流出率が1%しかない。これは、明らかに異常値であり、再検証を行うべきだろう。ここでは再検証は行わず地中への浸透や蒸発散による消失と評価している。地下水説を成立させる為に R-6 の雨水を机上で消失させたとすると、かなり乱暴な内容と言える。検証の根底となる水文調査において、最も大きな流域での評価が適切に出来ていない事が明確になった以上、この検証結果の全てが根拠を失ったと言っても過言ではない。推測でしかないが意図的に行ったのであればかなり悪質ともいって良いだろう。

> 　ここでは降雨による水量のうち、どれだけの割合が観測点に流出したかを「流出率」として最右欄に示した。前述のグラフで見たように、R-1、R-2、R-3 は流出の総量が雨の総量を上回っているため流出率が100%を超えていることから、集水域外からの地下水流入が推測される。一方、R-5 は流出率7%、R-6 は1%とわずかであることから、地中への浸透や蒸発散による消失が大きいと思われる。
> 　R-1 と R-2 を合計した流出の総量は3,156m³であるのに対して、R-3 からの流出は4,641m³であり、その差は1,485m³である。つまり、R-1 および R-2 での流量の半分程度に相当する量が、それより下流の R-3 までの間で湧出していることになる。

表 5-7　流出と降雨の総量の比較

	流出水の総量 ① (m3)	総雨量 ② (mm)	集水面積 ③ (m2)	流域内に降った雨の総量 ④=②×③/1000 (m3)	流出率 ①／④ (%)	参考 ①／③ (m3/m2)
R-1	1,791	167	7,452	1,244	144%	0.240
R-2	1,365	167	6,598	1,102	124%	0.207
R-3	4,641	167	20,459	3,417	136%	0.227
R-4	5,607	137	64,413	8,825	64%	–
R-5	297	167	26,225	4,380	7%	0.011
R-6	591	167	386,748	64,587	1%	0.002
R-1+ R-2	3,156	167	14,050	2,346	134%	0.22
R3- (R-1+ R-2)	1,485	167	6,409	1,070	139%	0.23

盛り土への地下水流入状況のまとめ

　「河道は宅地盛土や道路盛土によって埋没し、河道位置も分からないようになった。」と、評価しているが、これも不適切な評価と言える。

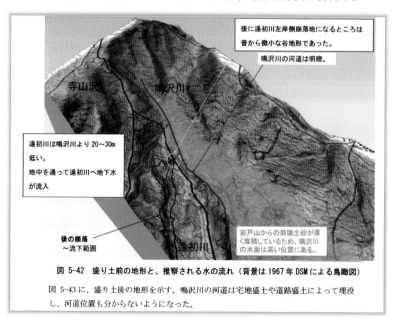

図 5-42　盛り土前の地形と、推察される水の流れ（背景は 1967 年 DSM による鳥瞰図）

　図 5-43 に、盛り土後の地形を示す。鳴沢川の河道は宅地盛土や道路盛土によって埋没し、河道位置も分からないようになった。

⑥ 一方で逢初川には、今回の崩落源となった谷埋め盛り土が形成された。5.7.2で述べたように、鳴沢川は周辺の埋立てにより、地下水の流れが変わり、より標高の低い逢初川に流れやすくなり、鳴沢川流域から逢初川流域への地下水の流入が増した可能性が考えられる。また、崩落源の上部にも谷埋め盛り土が形成され、これにより、逢初川上部の渓流が埋没し、以前は沢水となって流下していた水（逢初川流域の降水による表流水及び鳴沢川流域からの地下水の一部の湧出水）が、私道（標高400m）上部においても盛り土内を流れるようになったと考えられる。

⑦ このことは、主に逢初川流域からの地下水が湧き出すと考えられる湧水点No.1において、2022年7月に左岸側の湧水点では見られないような非常に大きな湧水量（約30L/分）が観測されたことからも推察できる（図5-3、P2-8写真⑩）。

　⑦で説明されている地下湧水の箇所は、逢初川のもともとの川筋にあたる。

　また、逢初川上流部の盛土の透水係数が高いことが確認出来ていることから、道路から流入した雨水排水が、発災地点上部で浸透し、観測地点No.1に到達したと考えるのが自然な発想だと言える。

第6章

浸透流解析による
崩落地への水の流動解析

1 解析方法

　下記の記載にあるように、目的は「盛り土が崩壊に至る挙動の再現解析」どのように土砂の崩壊が起きたのか、数値解析により求めている。

　使用しているソフトはオープンソースプログラムとして公開されているものの中から、三次元飽和・不飽和地下水流浸透流解析プログラムである「ACUNSAF － 3D」とあるが、中身を読み解く必要は無い。

　なぜかと言うと「3　解析結果」で「十分な精度が得られなかった」として答えが出ていない、再現できなかったからだ。

　ただ、ここにも疑問の目を向けるべきだ。なぜかと言うと隣接する宅地造成の設計図書の照査と、円弧滑りを想定した断面図の検証のみで検証は可能と言える。

　割り難いが「ACUNSAF － 3D」ではなくもっと在来の当たり前の手法で解析が十分可能と言える。次に出てくる GEOASIA の検証を引き出す序章である可能性が否定できない。

　　盛り土の崩落原因を解明するためには、数値解析モデルによりその現象を再現することが有効である。よって、第6章、第7章で数値解析モデルを用いた現象の再現を試みる。
　　数値解析は、盛り土内の水の流入量の推定のための「水の流動解析」と、その結果等を用いた「盛り土が崩壊に至る挙動の再現解析」により行う。
　　本章においては、まず、降雨による逢初川源頭部への地下水及び表流水の流入状況を把握するための水の流動解析方法について示す。
　　ただし、表流水については、第5章で示された中野氏の解析結果を参考にするとし、本章では地下水の流動解析について述べる。

因みに、これ以上解析は行わないとまとめつつ、第7章で新たに解析を行っている。

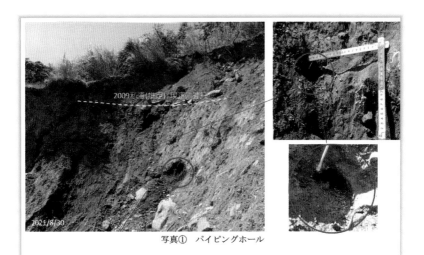

写真①　パイピングホール

⑤　よって、本報告においては、第5章の水文調査に示したように逢初川源頭部への流向について定性的に確認できたので、このことをもって成果とし、これ以上の解析は行わないこととする。

この章で着目すべきポイントは、6〜4ページに示されている、「③ 底面は、不透水境界とする。」と、言う項目

伊豆山地区の基盤となる地層がwAn安山岩溶岩、若しくは風化安山岩である事を考慮すると考えると当たり前と言える条件設定だが、この取り扱いが第7章では変わってくる。

本解析での条件設定は以下のとおりとする。
- ① 山地の分水嶺（尾根部分）は、定流量境界（地下水の流入量はゼロ）とする。
- ② 海領域は、定水位境界とする。
- ③ 底面は、不透水境界とする。
- ④ 地表面は、降雨浸透面として、浸透率を用いて降雨の浸透量を考慮する。

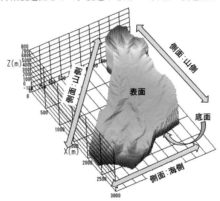

図6-4 浸透流解析モデルの境界条件の設定

第7章
盛り土が崩壊に至る挙動の再現解析

1　解析の目的

　下記の内容では、より客観性のある原因推定と記載してある。ソフト云々の以前に最も重要と思われる地下水量の根拠が無い事が判った。

> ① 静岡県が2021年7月に行った原因推定は、現地の目視結果に基づき現象の単純化や大胆な仮定を設定し、「盛り土に概ねどういう現象が発生したのだろうか」という推定だった。
> ② より客観性のある原因推定（究明）を行うため、現地の水文・地質・土質調査から得られた数値データ等を用いて、盛り土が崩壊に至る挙動を数値解析により再現（シミュレート）する。

2　第3回委員会(2022年3月29日)で決定した解析方針

　ここで、解析方針を変更した。

> **(3) 第3回委員会（2022年3月29日）で決定した解析方針**
> ① 今後、追加的な浸透流解析は行わない。崩壊の再現解析における盛り土への水の流入量は、水文調査の結果などを参照しつつ適宜仮定して行う。
> ② 盛り土は、締固め度が弱く、間隙が大きい（密度が小さい）状態であったと推定される。このことはボーリングや現場密度測定による地盤調査からも明らかになっている。また、逢初川源頭部は地下水が流入しやすい場所であったことから、盛り土の土中の間隙には常時、水が多く含まれており（飽和度が高かった）、さらに直前の降雨で盛り土内への水の流入が増えたものと推定される。
> ③ このような状態の場所の崩壊の再現解析を行う場合には、飽和度（土の湿潤状態）の違いによる土の強度変化と変形特性を考慮できる解析手法を用いることが望ましい。(注1)
> ④ この解析手法の選定には、高度な工学的な知見を要する。よって、地盤工学会中部支部に数値解析手法の選定について助言を依頼する。(注2)

検証委員構成員の内一名が、一般社団法人GEOASIA研究会の監事であることが研究会のHPで確認出来る。検証委員会の委員を務めている事が判る。検証客観性の客観性が保てているのかは注意深く見ていく必要があるだろう。

3　検証委員会の委員

委員については、各学会からの推薦により以下の専門家で構成された。

(順不同　敬称略)

委 員 名	所　　属	派 遣 学 会
沢田　和秀	岐阜大学　工学部　教授	(公社) 土木学会中部支部
小髙　猛司	名城大学　理工学部　教授	(公社) 地盤工学会中部支部
今泉　文寿	静岡大学　学術院農学領域　教授	(公社) 砂防学会東海支部

3　解析方法(ジオアジアの概要)

多くの人はこのページを見た瞬間に、読み飛ばしたく内容だと思われる。ポイントは慣性力を考慮した有限変形解析手法となっている。

簡単に言うと、モデル化した土が、流動的に動く「動画」としてアウトプットされる。本文では7-6章に時間経過の画像は添付されている。

7-6章の資料となるが、赤い部分が崩壊しやすい状態になった箇所と捉えて良いだろう。この画像を根拠に崩壊のメカニズムが再現できたと言っているが、航空写真から把握できる崩落の痕跡を説明している訳ではない。

下記にGeoAisaのリンク先を記載しておく。

(2015) Geo Aisa - YouTube

https://www.youtube.com/channel/UCJaTuBlcPDyt5sBGpmOuImw

ジオアジアは、土の間隙に水だけでなく空気も含む「不飽和土」に対応した慣性力考慮の有限変形解析手法であり、降雨浸透や地下水流入により土の間隙が水で飽和化されて、土が変形から破壊に至る過程を表現可能な手法である。ジオアジアの支配方程式として、次の式(7-1)、式(7-2)、式(7-3)はそれぞれ運動方程式、土骨格と間隙水の質量保存式、土骨格と間隙空気の質量保存式を示す。

$$\rho(D_s \boldsymbol{v}_s) = \mathrm{div}\,\boldsymbol{T} + \rho\boldsymbol{b} \tag{7-1}$$

$$s^w \,\mathrm{div}\,\boldsymbol{v}_s + \frac{1}{\rho^w}\mathrm{div}\left[\rho^w \frac{k^w}{\gamma_w}\{-\,\mathrm{grad}\,p^w + \rho^w \boldsymbol{b} - \rho^w(D_s\boldsymbol{v}_s)\}\right] + n(D_s s^w) + \frac{ns^w}{K_w}(D_s p^w) = 0 \tag{7-2}$$

$$s^a \,\mathrm{div}\,\boldsymbol{v}_s + \frac{1}{\rho^a}\mathrm{div}\left[\rho^a \frac{k^a}{\gamma_w}\{-\,\mathrm{grad}\,p^a + \rho^a \boldsymbol{b} - \rho^a(D_s\boldsymbol{v}_s)\}\right] + n(D_s s^a) + \frac{ns^a}{\rho^a \bar{R}\Theta}(D_s p^a) = 0 \tag{7-3}$$

ここで、D_sは土骨格から見た物質時間微分を表す作用素である。$\boldsymbol{v}_s$は土骨格の速度ベクトル、$D_s\boldsymbol{v}_s$は土骨格の加速度ベクトル、$\boldsymbol{T}$は全 Cauchy 応力テンソル（引張りが正）、$\boldsymbol{b}$は単位質量あたりの物体力ベクトル、p^wは間隙水圧（圧縮が正）、p^aは間隙空気圧（圧縮が正）、s^wは飽和度（$s^a = 1 - s^w$）、nは間隙率を表す。ρ、ρ^w、ρ^aはそれぞれ土全体、水、空気の密度、γ_wは水の単位体積重量、k^wは透水係数、k^aは透気係数を表す。K_wは水の体積弾性係数、$\bar{R}$は空気の気体定数、Θは絶対温度を示す。詳細は Noda et al. (2008)および Noda & Yoshikawa (2015)を参照されたい。

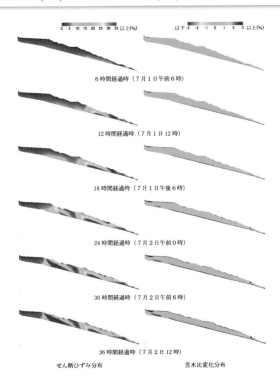

6 時間経過時（7 月 1 日午前 6 時）

12 時間経過時（7 月 1 日 12 時）

18 時間経過時（7 月 1 日午後 6 時）

24 時間経過時（7 月 2 日午前 0 時）

30 時間経過時（7 月 2 日午前 6 時）

36 時間経過時（7 月 2 日 12 時）

せん断ひずみ分布　　　　　　含水比変化分布

この解析の、致命的な問題点は、解析に使用した数値にある。

　第6章で「③底面は、不透水境界とする。」とした、常識的な判断を覆し、安山岩（An）層から250㎥/日の水が鉛直方向に供給する条件を加えている。

　この250㎥/日が今回の崩壊のメカニズムで最も重要なパラメータとなっているようなので、その根拠に着目する。

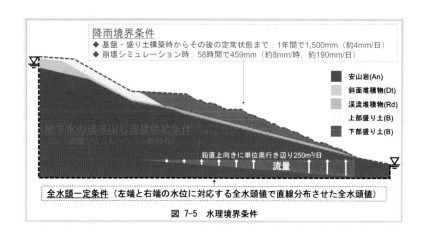

図 7-5　水理境界条件

ここで、250㎥／日の根拠について、検証する。

　問題は赤線で囲った範囲、色々計算されているように見えるが、250㎥／日に対する地下水量や比率を算定しているに過ぎず、実は250㎥／日は何らかの根拠を持った数字ではない事が解る。

　次のページで詳しく解説するが、・逢初川と鳴沢川流域の地下水流量が鳴沢川流域の地下水の54％相当するとしている。この54％の根拠が何処にもないのだ。

　先に開設した「第5章 地質・水文調査」で99％が「地中への浸透や蒸発散による消失」と解説しているのは地下水位が多いと印象付ける効果があるのかもしれない。

（注2）数値解析で設定した単位奥行き辺り250m³/日の地下水流量は、逢初川と鳴沢川の流域内に降った雨の30％が地下浸透するとして以下のとおり計算すると、7/1～7/3の間に逢初川と鳴沢川の流域に地下浸透した地下水量全体の約50％にあたる。
・雨量：459㎜（7/1午前0時～7/3午前10時　継続時間58時間　熱海雨量観測所（県））
・流域面積：逢初川 0.04㎢＝40,000㎡
　　　　　　　鳴沢川 0.36㎢＝360,000㎡　　　計 400,000㎡
　　　　　　（ここの流域面積は、逢初川源頭部より標高の高い領域に限っている。）
・降雨総量：459㎜/1,000×400,000㎡＝183,600㎥
・降雨総量のうち、30％が地中に浸透するとした場合、
　逢初川と鳴沢川流域内の地下水流量は 183,600㎥×0.3＝55,080㎥
・単位奥行き辺り250m³/日の地下水流量は、逢初川の川幅を50mと想定し、7/1～7/3の地下水流量に換算すると、250m³/日÷24時間×58時間×50m＝30,208㎥
・逢初川と鳴沢川流域の地下水流量に対する単位奥行き辺り250m³/日の地下水流量は、30,208㎥/55,080㎥＝54％の計算により、両流域の地下水量の54％に相当する。
・58時間の累計で、盛り土底面の地山から約30,000㎥の地下水流入があった計算となっている。

①のパートでは鳴沢川流域面積と流出係数から鳴沢川流域の総地下水量を算定している。これは、面積と流出係数を乗じたもので問題無い。

　②のパートでは 250㎥ / 日の地下水流出量がある事を想定した場合の発災に影響を与えた総地下水量を算定している。

　30,208㎥は仮定の数値に延長と流出係数を乗じたもので仮定の数値。

　③のパートでは①と②の比率を算出している。

　最後に『約 30,000㎥の地下水流入があった計算となっている』としているが、このページで 250㎥ / 日の根拠を示している訳ではない。

　30,208㎥が仮定の数値なので 54%も仮定の数値となる。

　最も重要な 250㎥ / 日は仮定した数値でしかない。単にソフトウェアでの算定上土砂の崩壊を再現するのに必要な数値でしかなく、観測結果や、流量計算によって導き出されたものでは無い事から科学的な根拠は無いと言って良いだろう。

———————————— 　下　記　本　文　 ————————————

① { 　数値解析で設定した単位奥行き辺り 250㎥ / 日（崩壊を再現するために必要となった地下水量）の地下水流量は、逢初川と鳴沢川の流域内に降った雨の 30%が地下浸透するとして以下のとおり計算すると、7/1 ～ 7/3 の間に逢初川と鳴沢川の流域に地下浸透した地下水量全体の約 50%にあたる。

　　・雨量：459 ㎜（7/1 午前 0 時～ 7/3 午前 10 時継続時間 58 時間　熱海雨量観測所（県））

　　・流域面積：逢初川 0.04 ㎢ = 40,000 ㎡
　　　　　　　　鳴沢川 0.36 ㎢ = 360,000 ㎡ 計 400,000 ㎡

　　（ここの流域面積は、逢初川源頭部より標高の高い領域に限っている。）

　　・降雨総量：459 ㎜ /1,000 × 400,000 ㎡ = 183,600 ㎥

　　・降雨総量のうち、30%が地中に浸透するとした場合、
　　　逢初川と鳴沢川流域内の地下水流量は 183,600 ㎥× 0.3 = 55,080 ㎥

②
- ・単位奥行き辺り 250㎥ / 日の地下水流量は、逢初川の川幅を 50m と想定し、7/1 ～ 7/3 の地下水流量に換算すると、250㎥ / 日 ÷ 24 時間 × 58 時間 × 50m = 30,208 ㎥

③
- ・逢初川と鳴沢川流域の地下水流量に対する単位奥行き辺り 250㎥ / 日の地下水流量は、30,208 ㎥ /55,080 ㎥ = 54％の計算により、両流域の地下水量の 54％に相当する。

④
- ・58 時間の累計で、盛り土底面の地山から約 30,000 ㎥の地下水流入があった計算となっている。

　補足

　②の算定に疑問がある、単位奥行当たりと言う聞きなれない表現だ。幅 50m をかけているところから、この式には赤丸の箇所に単位奥行きあたりに相当する単位が含まれていると考えるべきかもしれない。

$$250 \left[\frac{㎥}{日} \cdot \left(\frac{D}{m}\right) \right] \times \frac{58 (時間)}{24 (時間)} \times 50 (m) = 30,208 ㎥$$

　図示すると下記のイメージとなるが、地下水量を再計算している意味は、単位奥行当たり数量の奥行きの方向は下図の D の方向であり、今回の解析の資料に示されている、地下から鉛直方向に対するパラメーターではない可能性がある。

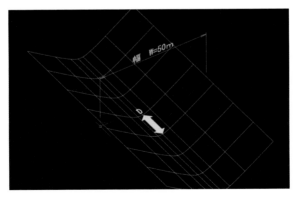

第7章　盛り土が崩壊に至る挙動の再現解析　P7-9の図で地山方向からの流水が示されているが、算定している地下水は黄色の矢印の方向で算定されている可能性がある。（これは解析結果を検証する必要あり）

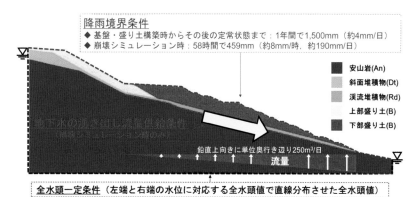

図 7-5　水理境界条件

細かい話になるが、飽和浸透係数にも疑問がある。

飽和浸透係数は浸透枡の設計などでもちられる係数になるが、下部盛り土が安山岩よりも水を通しにくい状態となっている。

10^{-8} と言う数値は事実上の不等水層を意味し、風化を受けていない均一な粘土などを指す。盛土がいくら固化材を使っ

表 7-2　ケース1の飽和透水係数の値

下部盛り土	5.31×10^{-8} m/s
上部盛り土	1.02×10^{-5} m/s
渓流堆積物	1.79×10^{-3} m/s
斜面堆積物	2.50×10^{-5} m/s
安山岩	8.40×10^{-7} m/s

ていたとはいえ、あのルーズな盛土が不透水層であることは考えられない。

　この「吸水軟化現象」と言う不可思議な言葉を急に持ち出してきたのは「GEOASIA」と言うソフトが動的な解析行うプログラムであることから、単に地下水だけでは要素が足りず、「動」的な要素が必要だったのかもしれない。

4　盛り土材料の吸水軟化現象

　吸水軟化現象：土に水を加えたらどろどろになる事を発見した。

　これだけなら、小学生の低学年でも判る話。

　この実験を行ったのは地下水が土砂に浸み込む際ポンプの様な効果を生み出し、盛り土全体を押し上げる現象が発生したと言いたいと思うのだが、そもそも盛り土の評価が不透水層に設定している事が問題で、写真から見ても判るように、熱海の盛土は不透水層とはまるで違うのは見た目にも明かだ。

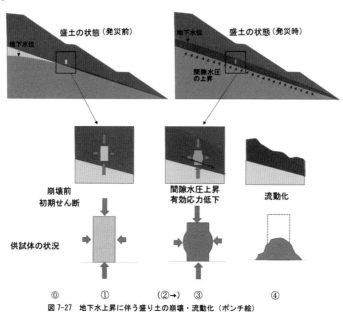

図 7-27　地下水上昇に伴う盛り土の崩壊・流動化（ポンチ絵）

結論として、第6章では前提条件で否定している、安山岩からの地下水の影響を考慮に加え、その水量も当時降っていた雨の20倍もの水量で、更に盛り土に動的な要因を加える為に、加水により土の体積が膨張する。

　これによって、熱海の土石流は発生したと言うのが県の検証結果となっている。

終章

・まるでパズルのようだった

　数千ページの公文章が令和3年10月18日に公開された。

　そこにあるべき図面、排水計算書、写真等が不足していた。

　5000枚の資料を読み解くだけで一月以上かかってしまった。公開された資料は該当する箇所毎に分かれていたので、全体の時系列を整理した。

　次に、どこで何が行われていたのか不明なので、一枚の図面データの上に過去の出来事を重ねていく。

　不足の情報は、情報開示請求や意見交換、メディアとの連携で補完してきた。

　今思えば、ジグソーパズルを組み立てる作業に似ていたと思う。

　新たな情報により、複数の疑問が線でつながり全体像が見えてきた。

　結果として、最初に情報公開しなかった行政にとって都合の悪い事実が浮かび上がって来ることになった。

・「面」ではなく「点」での検証

　これは逢初川の検証に実際に立ち会われた行政法の専門家の方との意見交換で発せられた言葉。

　行政対応の検証は、ほぼ土採取規制条例についての検証みので、周囲の

問題点などは情報提供も少なく、検証対象外としていた事から今回の静岡県の原因究明を「面」ではなく「点」での検証と評価した。

　これは、行政手続の確認作業についての評価だが、この本で指摘した通り原因究明に於いても「面」ではなく「点」での検証だと言える。

・原因究明の体制

　静岡県の検証を解説すると逢初川土石流災害原因究明体制は２つの委員会により構成されている。

「逢初川土石流の発生原因調査検証委員会」

「逢初川土石流に係る行政対応検証委員会」

　２つのチームが連携して検証を行っていたようだが着目点は、これを纏めていた「事務局」に着目する必要があるのかもしれない。

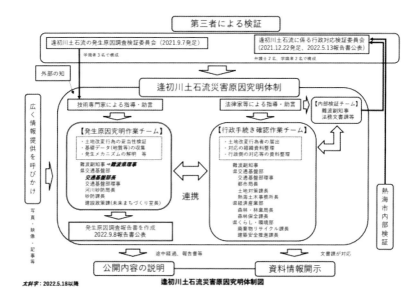

逢初川土石流災害原因究明体制図

・「逢初川土石流災害・災害者支援特別委員会」

　静岡県議会が設置した熱海土石流災害を、静岡県議会が再検証する為に

設置した。

　特別委員会は年度に合わせて設置されることが多く、9月に設置されるのは異例の事だ。（令和4年9月26日設置）

　令和5年2月25日に公表された報告書では提言に下記の内容が盛り込まれた。

「関連法令に係る事実関係について把握していない点が多いことなど、真に公正・中立な立場で十分な検証が行われる環境が整っていたのかについては疑問がある」

「中立・公正な立場から新ためて再検証が行われるべきである」

　静岡県が当事者の一人である事は明確だ。原因者である静岡県が原因究明を行うには、原因究明関わる構成員の選定等にも気を遣わなければならない。

　特別委員会の報告書ではこの点についても触れられている。

・事務局は県職員OBが担っている

・委員会は原則非公開

・議事録も作成されていないものがある

議事録の無い会に対し、検証委を所管する県経営管理部総務課は、

「事務局は解散したので検討会の内容を聞かれても答えようがない」

との回答。

あまりにも無責任ではないのだろうか。

　川勝知事は2月の記者会見で、検証委の議事内容に関して「ありていに全ての事実を報告する。検証の過程を明らかにしたい」と述べていたが、「嘘」だったことになる。

・行政対応の問題点 -1　静岡県が公表した周辺の行政対応

　実は問題だらけだった。

何故、今まで問題にならなかったかのか。

情報を公開していなかったから。

静岡県の記者会見で行政手続については下記の通り公表されていた。

① 土砂の盛土

　土石流の発生地点。『土採取規制条例』に基づき盛り土が行われた。

② 太陽光発電施設

　『宅地造成等規制法』等の許可が出ており問題ない

③ 緊急伐採

　土砂災害により『緊急伐採』となった。森林法に規定がある。

④ 宅地造成

　『都市計画法』の許可を得ている

いずれも特に問題無いとの評価だった。

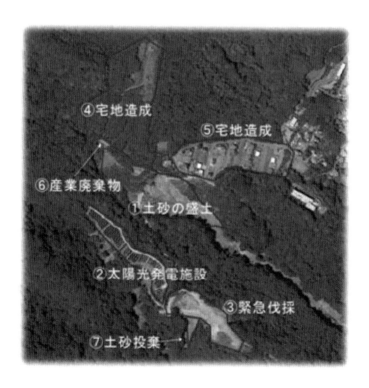

・行政対応の問題点 -2　行政対応に対する検証結果
　県の記者会見の報告とは全く異なる状態だった

① 土砂の盛り土
　　土石流の発生地点。『土採取規制条例』に基づき盛り土が行われた。
　　⇒不安定な盛り土の上に更なる盛り土が許可された
　　⇒原因究明では 2008 年以前の不安定な盛り土は消された
　　⇒前土地所有者と現土地所有者の盛り土の区分が議論されていない
② 太陽光発電施設
　　『宅地造成等規制法』等の許可が出ており問題ない
　　⇒違法森林伐採が行われていた中、宅地造成等規制法許可。
　　⇒図面と違う工事が行われ未だ完了検査が行われていない。
　　⇒違法状態にも拘らず、売電継続中。
　　⇒悪質業者と知りながらナゼ新たな許可を与えたのか・・・
　　⇒発災後経済産業省の検査後も FIT 認定取り消しの議論にならず
③ 緊急伐採
　土砂災害により『緊急伐採』となった。森林法に規定がある。
　　⇒手続き的には、緊急伐採では無く風致地区内報告書で対応していた。
　　⇒風致地区内報告書は、単に報告を受けるだけで無審査と言って良い。
　　⇒緊急伐採の理由は悪徳業者では無く行政が考え出したことが判明。
　　⇒緊急伐採を適用により宅地造成等規制法も無効化。
　　⇒「業者が巧みに法の目を掻いくぐった」のではなく
　　⇒「行政が巧みに法の目を掻いくぐらせた」
④ 宅地造成
　　『都市計画法』の許可を得ている
　　⇒排水施設・擁壁・盛土の審査に問題がある事は明らか。
　　⇒主要な幹線排水施設が流下能力不足。1/3 ～ 1/30 の能力。
　　⇒5 条森林（地域森林計画対象民有林）に対し違法な工事が行われてる
　　　事を黙認し森林法の許可を与えた。

これだけの問題があるのにも関わらず、静岡県の検証委員会で検証される事は無かった。

・残される盛り土
　熱海土石流災害災害を受け、違法な盛り土の全国一斉点検が行われた。
　あり得ない話だと思うが、熱海土石流災害発災地点上部の違法な盛り土が残置される事が決定的となった。
　大々的に行政代執行を行っているが、コンサルタント会社が推奨している全量撤去ではなく、不採用となっている前提措置を静岡県は選定した。
　予想はしていた、激甚災害の指定を受けたが外部から持ち込まれた土砂が対象外であることと、その頃から静岡県の資料ではこの盛り土部分がフレームアウトされていたからだ。
　地元住民の要望があり作成した立体模型（下写真、再掲）にはこの盛り土が残置されない事を願って残っている盛り土を取り外しが出来るように作りこんでおいが、その思いは伝わらなかったようだ。
　全国一斉点検が行われる中、その発災地点上部の盛り土が残置され事実は、静岡県の現土地所有者への配慮が疑われる。

黒い部分が崩れ残ている盛り土

元々の地山

熱海土石流災害の原因究明委員会の報告書には、多くの疑問点がある。

　本書には書ききれていないが、今回の発災地点に関連する造成工事で、少なくとも8回の災害が発生している、うち1回は市議会で議論となり、1回は鳴沢川下流の住宅街に濁水が流出する事故だった。更に最初の法面崩壊は今回の土石流の発災地点上部と完全に一致している。

　すべて、今回の土石流の予見につながる災害だが、重要度の高い4回公表されていなかった。

　熱海市長の命令派出に焦点が当てられていたが、これも不自然に感じていた。

　理由は簡単で、命令を派出しても土砂が撤去される事は無く、発災の時期や規模が変わっていただけで、災害は免れなかったと考えられるからだ。

　この事実を裁判に当てはめると、命令派出を焦点とすると「過失が認められたとしても「未知の危険」を正確に予測する事は難しかった。熱海市に賠償命令が下されるが刑事罰までは問えない」となるのではないか。

　予見可能性につながる情報が公開されていなかった事を考えると、裁判での「予見可能性」を視野に入れた印象操作の可能性も否定できないのではないかと考えている。

　今後も引き続き、静岡県、熱海市との対話を続け事実確認を進めていく必要があるだろう。

資料
[筆者作成]

熱海土石流災害　④宅地造成
排水計算書（設計降雨強度）
令和 5 年 1 月

1　目的

　令和 3 年 7 月日に発生した熱海市伊豆山地区土石流災害の発災地点に隣接する宅地造成工事（一部工事中）の④宅地造成と呼ばれる区域の、開発 許認可時の雨水排水計画について検証するものとする。

　検証は開発行為の基準に定める 5 年確立降雨強度式にて検証する。また 下流流域への洪水の危険性については 50 年確立降雨となる 104 mm/hr（30 分）についても検証する。

　②の算定に疑問がある、単位奥行当たりと言う聞きなれない表現だ。幅 50m をかけているところから、この式には赤丸の箇所に単位奥行きあたりに相当する。

2　技術的基準等

　④宅地造成区域は、都市計画法に基づく開発行為の許認可申請に基づき申請、許可の上、工事を行っている事から、「都市計画法静岡県開発行為等の手引き」（静岡県）に準じて検証する。

①　静岡県開発行為の手引き　　　　　　　　　　　　　　　　　　　（静岡県）
②　宅地防災マニュアルの解説（宅地防災研究会）

3 開発区域内の排水施設

開発計画の基本条件

令第26条第1号　開発区域内の排水施設は、国土交通省令で定めるところにより、開発区域の規模、地形、予定建築物等の用途、降水量等から想定される汚水及び雨水を有効に排出することができるように、管渠の勾配及び断面積が定められていること。

規則第22条第1項　令第26条第1号の排水施設の管渠の勾配及び断面積は、5年に1回の確率で想定される降雨強度以上の降雨強度を用いて算定した計画雨水量並びに生活又は事業に起因し、又は付随する廃水量及び地下水量から算定した計画汚水量を有効に排出することができるように定めなければならない。

都市計画法静岡県開発行為等の手引き（静岡県）　第4編技術基準　P4-54

4 流出係数

流出係数は下記一覧表より決定する。

密集市街地	0.9
一般市街地	0.8
畑・原　野	0.6
水　　田	0.7
山　　地	0.7

「建設省河川砂防技術基準（案）」

　静岡県原因究明の報告書では鳴沢川流域の流出係数を0.7と定めている事と、④宅地造成の実態が荒地となっているが設計照査と言う観点から下記の数値を採用する事とする。

山地　：　0.7

宅地　：　0.9

5 計画雨水量

計画降水量については、下記の3項目について検証する

5-1 開発行為変更許可時の検証

5-2 開発行為変更許可時の検証に流下時間を考慮した場合の検証

5-3 令和3年7月3日の降雨での検証

「計画降水量」は開発行為の手引き及び、開発許可申請時の諸元に合わせて検証する事とする。

5-1 開発行為変更許可時の検証
開発行為許可時の降雨強度を 100mm/hr で検証する。

5-2 開発行為変更許可時の検証に流下時間を考慮した場合の検証
開発区域内の排水施設は 5 年確立降雨強度を採用する。

開発区域内の排水施設の管渠の勾配及び断面積を設計するために用いる降雨強度は、規則第22条に規定されているとおり、5年に1回の確率で想定される降雨強度以上の値を用いることとされている。

5 年確率降雨強度 (mm/hr)

降雨継続時間	東 部	中 部	西 部
5分	128	144	134
7	117	132	124
10	105	119	113
15	92	105	100
20	83	95	91
30	71	83	77
	$r'=\dfrac{810.1}{t^{0.6}+3.7194}$	$r'=\dfrac{630.4}{t^{0.5}+2.1353}$	$r'=\dfrac{1420.6}{t^{0.7}+7.5419}$

都市計画法静岡県開発行為等の手引き（静岡県）第4編技術基準　P4-55 に記載のある降雨強度式を採用する。

5-3 令和3年7月3日の降雨での検証
開発行為の手引きでは降雨強度式にクリーブランド式を採用しているが、ここでは実績降雨を扱う事から、タルボット、シャーマン、久野・石黒の複数の降雨強度式を算定し比較検討の上採用する事とする。

算定結果は下記の通り。最小２乗法による偏差でクリーブランド式が最も偏差が少ない為、下記の降雨強度式を採用することとする。

$$I \;=\; \frac{a}{t^{\,n} + b} \;=\; \frac{5.86}{T^{0.143} - 1.146}$$

t ：
降雨継続時間（分）

a ＝ 5.86

b ＝ -1.146

n ＝ 0.143

6 調整池

設置されていないので検証から省く。

7 汚水量

④宅地造成　C工区、E工区が完了していない事と、排水量が雨水排水と比較して少ない事から検討に含めない。

8 計画排水量

排水施設の排水量の設計及び算定は次のとおりとする。

（1）計画流速

区　　　分	汚　　　水	雨　　　水
標　　準	1.0～1.8m／s	
やむを得ない場合	0.6～3.0m／s	0.8～3.0m／s

※　雨水排水路は原則として開渠とすること。

(注) 設計流速が遅いと土砂等が堆積し、早いと排水路が摩耗して耐用年数が短くなり、好ましくないことから、0.8～3.0m／sの範囲となるよう下水道の設計指針等で定めている。また、流速が早いと到達時間が短くなり、治水上の問題も生じてくるので、段差工を施行するなど工夫すること。ただし、雨水排水路の流速は、開発者が自ら維持管理に責任を持って、下流に悪影響を及ぼさない場合においては、4.5m／s程度まではやむを得ないものとする。

②　排水中の沈殿物が次第に管渠内に堆積するのを防止するため、下流ほど流速を暫増させるよう設計すること。なお、勾配は、下流ほど流量が増加して管渠断面が大きくなり、流速を大きく取ることができるので、下流ほど緩くすること。

③　地表勾配が急峻である場合等で落差工を設ける場合には、その落差は1箇所当り1.5m以内とし、階段工の場合は0.6m以内とし、水叩厚、水叩長を十分取ること。

(2) 排水施設の流量は、マニングの式を用いて算出する

$$V = \frac{1}{n} \times R^{\frac{2}{3}} \times I^{\frac{1}{2}}$$

V：流速（m／s）

n：粗度係数
I：勾配

$$Q = A \times V$$

R：径深（m）$= A／P$

A：流水の断面積
P：流水の周辺長
Q：流量（㎥／s）

粗度係数
流下能力の算定に当っては、次の値を標準とする。

暫定素掘河道	0.035
護岸のある一般河道	0.030
三面張水路	0.025
河川トンネル	0.023
コンクリート人工水路	0.020
現場打コンクリート管渠	0.015
コンクリート二次製品	0.013
塩化ビニル管、強化プラスチック複合管	0.010

9　流入時間・流達時間

到達時間（t）の算定は下記の通りとする。

ア　到達時間（t）＝流入時間（t 1）＋流下時間（t 2）

イ　流入時間（t 1）

市街地における流入時間は次の表を参考とすること。

わが国で一般的に用いられているもの			
人口密度が大きい地区	5分	幹線	5分
人口密度が小さい地区	10分	支線	5〜10分
平　　均	7分		

ただし、山間地における流入時間は流域面積 2km² 当たり 30 分とし、次式を参考とすること。

$$t_1 = \sqrt{\frac{A}{2}} \times 30$$

流入時間を平均値の 7 分とする。

A1=11.987（ha）：$t_{1\text{-}1}$ ≒ 7.34（分）

A2=11.003（ha）：$t_{1\text{-}2}$ ≒ 7.03（分）

A3=_1.990（ha）：$t_{1\text{-}3}$ ≒ 2.99（分）

A4=_8.255（ha）：$t_{1\text{-}4}$ ≒ 6.09（分）

ΣA=_33.244（ha）：$t_{1\text{-ALL}}$ ≒ 12.2（分）・・・・・（参考）

ここでは、流達時間は 7 ＋ 12.2 ＝ 19.2 分とする。

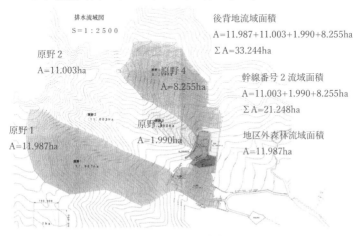

排水流域図
S＝1：2500

後背地流域面積
A=11.987+11.003+1.990+8.255ha
ΣA=33.244ha

原野 2
A=11.003ha

原野 4
A=8.255ha

幹線番号 2 流域面積
A=11.003+1.990+8.255ha
ΣA=21.248ha

原野 1
A=11.987ha

原野 3
A=1.990ha

地区外森林流域面積
A=11.987ha

流域図　H19/7/20　開発行為変更許可申請書

10 排水計算・既往設計の精査

部分完了時に排水機能を満足している必要があるが不完全な状態。

既往設計の設計照査にてチェック漏れがある。

11 「計画降水量」開発許認可で降雨強度を 100mm/hr にて算定

全ての箇所で NG となっているが、これは排水施設が不完全なまま完了を認めた事にり発生している。

④宅地造成変更申請時　雨水排水計算書　雨の量を100mm/hrに固定

線番号	流入線番号	面積 地区外 排水面積 (ha)	面積 合計面積 排水面積 (ha)	最大流出量 総水量 (㎥/sec)	排水施設 断面	排水施設 流速 (m/sec)	排水施設 流量 (㎥/sec)	雨水量 (㎥/sec)	判定	流下能力 (㎥/sec)	適用
1		21.248				1.604	0.031				
		0.122	21.370	5.343	U-300*300	2.433	0.161	5.343	＞	0.161	NG
2						2.863	0.049				
	3へ	0.075	21.445	5.361	U-300*300	4.617	0.306	5.361	＞	0.306	NG
地区外 森林		11.987	11.987								
			11.987								
3	7へ	0.082	33.514	8.379	U-600*1200	4.222	2.432	8.379	＞	2.432	NG
4											
		0.124	0.124								
5											
		0.094	0.218	0.055	U-300*300						
6											
		0.000	0.218	0.055	U-300*300						
7	9へ	0.073	33.805	8.451	U-600*1200	4.222	2.432	8.451	＞	2.432	NG
8		0.081	0.081	0.020	U-240*240	0.733	0.032				
9		0.154	34.040	8.510	U-600*1200	4.468	2.574	8.510	＞	2.574	NG
10		0.129	34.169	8.542	U-600*1200	4.468	2.574	8.542	＞	2.574	NG
11						4.488	2.659				
		0.039	34.208	8.552	U-600*1300	4.523	2.822	8.552	＞	2.822	NG

12　開発許可基準に沿った排水計算書

100mm/hr での検証は過剰設計となる為（安全側なので問題はない）5 年確立降雨での排水計算を行ったが、ほぼすべての区間において、排水能力不足となっている。

これは開発行為の部分完了時の排水計算の検証が出来てない事を意味する。

④宅地造成変更申請時　雨水排水計算書　降雨強度式を採用

線番号	流入線番号	面積 地区外排水面積 (ha)	合計面積 (ha)	最大流出量 総水量 (㎥/sec)	排水施設 断面	流速 (m/sec)	流量 (㎥/sec)	雨水量 (㎥/sec)	判定	流下能力 (㎥/sec)	適用
1		21.248				1.604	0.031				
		0.122	21.370	4.424	U-300*300	2.433	0.161	4.424	＞	0.161	NG
2	3へ					2.863	0.049				
		0.075	21.445	4.422	U-300*300	4.617	0.306	4.422	＞	0.306	NG
地区外森林		11.987	11.987								
			11.987								
3	7へ	0.082	33.514	6.896	U-600*1200	4.222	2.432	6.896	＞	2.432	NG
4											
		0.124	0.124								
5											
		0.094	0.218	0.045	U-300*300						
6											
		0.000	0.218	0.045	U-300*300						
7	9へ										
		0.073	33.805	6.941	U-600*1200	4.222	2.432	6.941	＞	2.432	NG
8											
		0.081	0.081	0.017	U-240*240	0.733	0.032				
9											
		0.154	34.040	6.945	U-600*1200	4.468	2.574	6.945	＞	2.574	NG
10											
		0.129	34.169	6.959	U-600*1200	4.468	2.574	6.959	＞	2.574	NG
11						4.488	2.659				
		0.039	34.208	6.956	U-600*1300	4.523	2.822	6.956	＞	2.822	NG

13　令和3年7月3日の雨を再現

　発災地点から1m離れた箇所は、計算上OKとなっているがこれは直線部と言う条件。折れ点に枡が設置されていない為、溢れる結果事が予想される。維持管理も疑問なので、通水面が確保されていたかも疑問。仮に流れていたとしても、下流交差点部で溢れ出す結果となる。鳴沢川方向への流下能力が0.3～0.5㎥/sしか確保されていない状態なので、1.5㎥/s程度の水が逢初川流域に流れ込んでいた事になる。

④宅地造成変更申請時　雨水排水計算書　令和3年7月3日を再現

線番号	流入線番号	面積 地区外排水面積 (ha)	合計面積 (ha)	最大流出量 総水量 (㎥/sec)	排水施設 断面	流速 (m/sec)	流量 (㎥/sec)	雨水量 (㎥/sec)	判定	流下能力 (㎥/sec)	適用
1		21.248				1.604	0.031				
		0.122	21.370	1.283	U-300*300	2.433	0.161	1.283	>	0.161	NG
2						2.863	0.049				
	3へ	0.075	21.445	1.266	U-300*300	4.617	0.306	1.266	>	0.306	NG
地区外森林		11.987	11.987								
			11.987								
3	7へ	0.082	33.514	1.960	U-600*1200	4.222	2.432	1.960	<	2.432	OK
					平均水深12.1cm 道路	2.328	1.976	1.960	<	1.976	OK
4		0.124	0.124			8381					
5		0.094	0.218	0.013	U-300*300						
6		0.000	0.218	0.013	U-300*300						
7	9へ	0.073	33.805	1.959	U-600*1200	4.222	2.432	1.959	<	2.432	OK
8		0.081	0.081	0.005	U-240*240	0.733	0.032				
9		0.154	34.040	1.922	U-600*1200	4.468	2.574	1.922	<	2.574	OK
10		0.129	34.169	1.916	U-600*1200	4.468	2.574	1.916	<	2.574	OK
11						4.488	2.659				
		0.039	34.208	1.906	U-600*1300	4.523	2.822	1.906	<	2.822	OK

You Tube 動画

本件に関する時系列の動きが You Tube 動画として公開されています。ご覧のうえ、読者ご自身でご判断ください。

2021 年 7 月 4 日　第 1 回現地調査ドローン映像①
https://www.youtube.com/watch?v=xqECl_siYRA

2021 年 7 月 4 日　第 1 回現地調査ドローン映像 2
https://www.youtube.com/watch?v=mzaI4i5ue9Y&t=43s

2021 年 7 月 6 日　第 2 回現地調査
https://www.youtube.com/watch?v=E_4mvaT6NAA

2021 年 7 月 8 日　塩坂記者会見
https://www.youtube.com/watch?v=eo4adYqG3K4

2021 年 7 月 8 日　県副知事記者会見
https://www.youtube.com/watch?v=-eN9m12FYyQ

2021 年 7 月 15 日　県副知事記者会見
https://www.youtube.com/watch?v=MYoXQwuMxpk

2022 年 4 月 30 日　市民向け勉強会
https://www.youtube.com/watch?v=7u_4_D_cMwI

2022 年 6 月 7 日　県警現地調査
https://www.youtube.com/watch?v=9O-GH92-MuY

2022 年 11 月 11 日　県議会特別委員会
https://www.youtube.com/watch?v=vhGE2Uk_T90

【著者略歴】

塩坂邦雄（しおさか・くにお）　　　　　＊はじめに、序章
工学博士・技術士・特別上級技術者（土木学会）
株式会社サイエンス技師長。
糸魚川静岡構造線ミュージアム館長。2010 年、台湾第四原発で
活断層を発見し、台湾原発の廃炉の足がかりを作った。浜岡原発
廃炉のため地質学の視点でサポート。リニア中央新幹線地質構造・
地下水部会委員。南アルプスの褶曲運動により形成された地下水
の賦存状態を研究。丹那盆地メガソーラー発電所の開発に伴い、
地元民の視点でサポートをおこなう。今回の土石流問題に関して
は、静岡県議会の特別委員会に専門家として意見を陳述。

清水　浩（しみず・ひろし）　　　　＊序章、1〜7章、終章、資料
Tech 株式会社　代表取締役
熱海市盛り土流出事故被害者の会 技術顧問
全国再エネ問題連絡会　共同代表
土木設計エンジニア、道路、河川、造成設計が専門。東日本大震
災では発災直後から 10 年間被災地を支援、BIM/CIM・3D デー
タ活用した設計効率化に従事。点群データによる解析、設計照査・
行政手続の検証を行っている。熱海市百条委員会・静岡県議会の
特別委員会に専門家として意見を陳述。

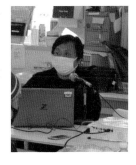

著者…………塩坂邦雄
　　　　　清水　浩
編集協力……池谷龍生

印刷／製本……モリモト印刷株式会社
編集／制作………有限会社閏月社

熱海土石流の真実
静岡県調査報告書の問題点

2023 年 3 月 20 日　　初版第 1 刷印刷
2023 年 3 月 31 日　　初版第 1 刷発行

装幀………塩坂文緒
表紙写真提供……楊珂

発行者…………徳宮峻
発行所…………図書出版白順社　　113-0033　東京都文京区本郷 3-28-9
　　　　　　　　　　　　　　　TEL 03(3818)4759　　FAX 03(3818)5792

©SHIOSAKA Kunio, SHIMIZU Hiroshi 2023　ISBN978-4-8344-0290-2　Printed in Japan